U0621024

纺织服装高等教育"十三五"部委级规划教材

服装工程技术类精品教程

童装 结构制图

杨佑国 / 李晓燕 编著

STRUCTURAL DRAFTING FOR CHILDREN'S GARMENTS

上海东华大学出版社

内 容 提 要

本书结合作者多年的教学实践和市场实际需求，重在突出童装结构设计的综合性和启发性作用。书中不仅详细介绍了童装结构设计的概要，如童装结构设计基础、儿童身体测量方法与号型规格设计以及童装制图知识。书中还对童装进行了工效研究，帮助大家掌握不同时期，儿童的体型、心理和行为特点。同时，结合目前童装市场流行情况，给读者列举了大量的实例，涵盖了裙装、裤装、上衣等多种品类。结构制图在吸收传统裁剪技术的基础上，加入了现代服装的结构理论，对童装结构制图中的关键部位，比如前后腰节差、肩部、窿门宽等进行了重点分析并细化成具体的数值，使服装制图技术，尤其是细部裁剪技术，更符合儿童着装需求。

该书注重实用性和时代性，突出重点，紧密结合市场。为了提高读者学习的方便些，书中的表达简洁明了，结构制图方法准确规范，力争提高对童装感兴趣的读者的学习质量和效率。本书可供童装企业、服装专业学生和童装爱好者学习使用。

图书在版编目（ＣＩＰ）数据

童装结构制图/杨佑国,李晓燕编著. —上海：东华
大学出版社，2016.3
ISBN 978-7-5669-0974-9

Ⅰ.①童… Ⅱ.①杨… ②李… Ⅲ.①童服—服装

结构—制图 Ⅳ.①TS941.716.1

中国版本图书馆CIP数据核字（2015）第317774号

责任编辑：孙晓楠
封面设计：陈良燕

童装结构制图

杨佑国　李晓燕　编著

出　　版：东华大学出版社（上海市延安西路1882号）
邮政编码：200051　　电话：（021）62193056
出版社网址：http://www.dhupress.net
天猫旗舰店：http://dhdx.tmall.com
发　　行：新华书店上海发行所发行
印　　刷：上海锦良印刷厂有限公司
开　　本：787mm×1092mm　1/16　印张：15.25
字　　数：402千字
版　　次：2016年3月第1版
印　　次：2019年8月第4次印刷
书　　号：ISBN 978-7-5669-0974-9
定　　价：45.00元

全国服装工程专业（技术类）精品图书编委会

编委会主任

倪阳生　中国纺织服装教育学会　会长
张文斌　东华大学服装·艺术设计学院　博士生导师、教授

编委会副主任

刘　娟　教授　　　　　　　北京服装学院服装艺术与工程学院
潘　力　教授、院长　　　　大连工业大学服装学院
王建萍　教授、博导　　　　东华大学服装·艺术设计学院
沈　雷　教授　　　　　　　江南大学纺织服装学院
陈建伟　教授、副院长　　　青岛大学纺织服装学院
谢　红　教授、副院长　　　上海工程技术大学服装学院
孙玉钗　教授、系主任　　　苏州大学纺织与服装工程学院
徐　东　教授、副院长　　　天津工业大学艺术与服装学院
陶　辉　教授、副院长　　　武汉纺织大学服装学院
顾朝晖　副教授、院长助理　西安工程大学服装与艺术学院
邹奉元　教授、院长　　　　浙江理工大学服装学院
庹　武　教授、副院长　　　中原工学院服装学院

编委会委员

袁惠芬　安徽工程大学纺织服装学院
钱　洁　安徽职业技术学院
葛英颖　长春工业大学纺织服装学院
王佩国　常熟理工学院艺术与服装工程学院
郭东梅　重庆师范大学服装学院
于佐君　大连工业大学服装学院
郭　琦　东北师范大学美术学院
王朝晖　东华大学服装·艺术设计学院中日合作教研室
谢　良　福建师范大学美术学院
张宏仁　广东纺织职业技术学院
孙恩乐　广东工业大学艺术设计学院
谭立平　广西科技大学艺术与文化传播学院
杨　颐　广州美术学院服装设计系

郑小飞　杭州职业技术学院达利女装学院
侯东昱　河北科技大学纺织服装学院
高亦文　河南工程学院服装学院
吴　俊　华南农业大学艺术学院
闵　悦　江西服装学院服装设计分院
陈东升　闽江学院服装与艺术工程学院
杨佑国　南通大学纺织服装学院
史　慧　内蒙古工业大学轻工与纺织学院
孙　奕　山东工艺美术学院服装学院
王　婧　山东理工大学鲁泰纺织服装学院
朱琴娟　绍兴文理学院纺织服装学院
康　强　陕西工业职业技术学院服装艺术学院
苗　育　沈阳航空航天大学设计艺术学院
李晓蓉　四川大学轻纺与食品学院
傅菊芬　苏州大学应用技术学院
周　琴　苏州工艺美术职业技术学院服装工程系
王海燕　苏州经贸职业技术学院艺术系
王　允　泰山学院服装系
吴改红　太原理工大学轻纺工程与美术学院
陈明艳　温州大学美术与设计学院
吴国智　温州职业技术学院轻工系
吴秋英　五邑大学纺织服装学院
穆　红　无锡工艺职业技术学院服装工程系
肖爱民　新疆大学艺术设计学院
蒋红英　厦门理工学院设计艺术系
张福良　浙江纺织服装职业技术学院服装学院
鲍卫君　浙江理工大学服装学院
金蔚荭　浙江科技学院艺术分院
黄玉冰　浙江农林大学艺术设计学院
陈　洁　中国美术学院上海设计学院
刘冠斌　湖南工程学院纺织服装学院
李月丽　盐城纺织职业技术学院
徐　仂　江西师范大学科技学院
金　丽　中国服装设计师协会技术委员会

我国童装市场拥有稳定而庞大的消费群体和良好的发展前景。现代童装款式多样，结构设计极为丰富。童装并非缩小版的成人装，不能按照成人装的结构制图方法画童装结构图。童装结构设计必须充分考虑儿童不同年龄层次以及地域的体型特征，运用合理的结构设计方法优化童装着装的美观度和舒适度，满足儿童生理和心理的需求。如何给童装企业提供适合国内儿童的服装制图方法；如何帮助服装专业的学生更好地掌握童装结构制图的方法；如何让童装爱好者能够了解并学会童装结构制图，本书编写的目的在于此。

本书重在突出结构设计的综合性和启发性作用，结合现有童装结构制图教材的现状，取长补短。书中不仅详细介绍了童装结构设计的概要，如童装结构设计基础、儿童身体测量方法与号型规格设计以及童装制图知识。书中还对童装进行了工效研究，帮助读者掌握不同时期儿童的体型、心理和行为特点。结合目前童装市场流行情况，给读者列举了大量的实例，涵盖了裙装、裤装、上衣等多个品类。结构制图在吸收传统裁剪技术的基础上，加入了现代服装的结构理论，对童装结构制图中的关键部位，比如前后腰节差、肩部、窿门宽等进行了重点分析并细化成具体的数值，使服装制图技术，尤其是细部裁剪技术，更符合儿童着装需求。

结合多年的教学实践和市场实际需求，本书在编写过程中，非常注重实用性和时代性。突出重点，紧密结合市场，结构制图方法准确规范，提高学习质量和效率。本书可供童装企业、服装专业学生和童装爱好者学习使用。

全书共分四章，第一章和第二章由南通大学李晓燕、杨佑国编著；第三章由李晓燕编著；第四章由杨佑国编著。张春妹、李金参与了本书的绘图工作。期望本书的内容对读者有所帮助，也期待同行、朋友、读者们提出宝贵建议，我们将万分感谢。

编著者

2016年1月

目 录

第1章

童装结构与设计概要

目前中国是世界上拥有儿童人口最多的国家,行业内有人将童装产业誉为服装行业的"最后一座金矿"。随着全国人民生活水平不断提高,在"孩子逐步成为家庭重心"的家庭结构模式下,未来童装销售规模将不断扩大。另外,随着孩子的快速成长,童装的更换频率加快,这也加速了童装的消费。在潜力巨大的商机下,竞争将会越来越激烈,厂家不仅要生产制造出美观时尚的衣服,同时衣服要穿着舒适。

本章将介绍童装结构设计的基础、儿童身体测量与号型设计、童装规格尺寸设计、童装制图知识等。通过本章学习,可以加深对童装结构的理解和认识,为后期结构制图奠定基础。

第一节 童装结构设计基础

一、人体构成与童装结构

服装与人体有直接关系的是人体的外形，即体型。体型是人体构成即人体结构特征的主要表现。儿童的基本体型由四大部分构成，即躯干、上肢、下肢和头部。其中躯干包括颈、胸、腹、背等部位；上肢包括肩、上臂、下臂、腕、手等部位；下肢包括胯、大腿、膝、小腿、踝、脚等部位。

与童装相关的人体构成一般包括长度、围度、横截面、纵切面等。图 1-1-1 和图 1-1-2 是与童装相关的人体测量的主要基准点、基准线，以及形态特征。

1. 人体测量的基准点（图 1-1-1）

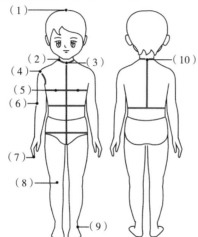

(1)
(2)
(3)
(4)
(5)
(6)
(7)
(8)
(9)
(10)
(1) 头顶点
(2) 侧颈点
(3) 颈窝点
(4) 肩端点
(5) 胸点
(6) 前肘点
(7) 指尖点
(8) 膑骨点
(9) 踝点
(10) 颈椎点

图1-1-1 童装测量的基准点

2. 与童装相关的基准线（图 1-1-2）

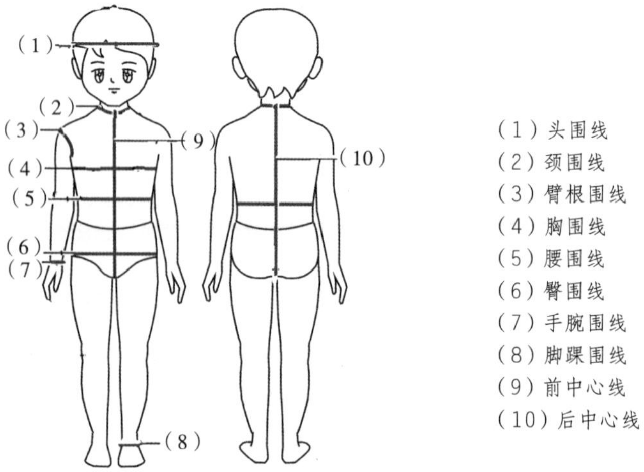

(1)
(2)
(3)
(4)
(5)
(6)
(7)
(8)
(9)
(10)
(1) 头围线
(2) 颈围线
(3) 臂根围线
(4) 胸围线
(5) 腰围线
(6) 臀围线
(7) 手腕围线
(8) 脚踝围线
(9) 前中心线
(10) 后中心线

图1-1-2 童装测量的基准线

二、童装结构设计原理与方法

在服装行业中，人们常常把服装部件的形态特征、轮廓特征及其组合关系称为"结构"。童装结构设计是按照款式设计的基本法则与规律，合理地进行各服装结构制图，并要做到衣片的形态结构符合儿童的体型特征，服装的造型美感符合人体的服用性能。

1. 童装结构设计的原理

1）忠实于童装设计的创作思想与外形细节

童装设计与成人装设计一样，主要包括款式设计、结构设计和工艺设计，童装结构设计起承上启下的作用，是款式设计的补充与延续。因此，在童装结构设计时必须忠实于童装设计的创作思想与外形细节。

2）符合儿童体型特征及满足成长发育需求

童装结构设计离不开对穿着对象的形体研究，要根据穿着对象的形体特征和成长发育特点来进行规格设计。在结构制图时要特别注意尺寸配置的合理性，制图时细节处理要到位，比如针对"凸肚"体型，在结构制图时可适当加长前衣长。

3）有利于生产与销售

款式设计有时忽略了结构设计是否可分解、生产成本等实际问题，这就要求结构设计在忠实童装设计的创作思想与外形细节的前提下，对一些款式设计事先没有预见的缺点进行修改，最终要有利于生产与销售。

2. 童装结构设计的方法

童装结构设计主要有原型法、比例法和短寸法。

原型法是一种间接的裁剪方法，根据人体体型绘制基本纸样即"原型"。在实际款式制图中，根据款式特点及尺寸大小，在原型上进行加长、放宽、缩短等调整，得到最终的结构图。原型法制图具有广泛的通用性和体型覆盖率、量体尺寸少、方便记忆、制图快、与传统规格体制不相符的特点。

比例法又称直接制图法，是一种比较直接的平面结构制图形式，在测量人体主要部位尺寸后，根据款式、季节、材料质地、穿着要求等，加上放松量得到各控制部位的产品尺寸，再以此按一定比例推算其他细部尺寸来绘制服装结构图。比例法具有对尺寸控制直接、规律性强、便于初学者学习的优点，但因其采用成品规格尺寸推算其他部位，因此容易出现误差。

短寸法是我国服装行业在 20 世纪 60～70 年代所使用的一种方法。即先测量人体各部位尺寸，如衣长、胸围、肩宽、袖长、领围等，然后加量胸宽、背宽、腹围等多种尺寸，根据所测量的尺寸逐一绘制出衣片相应部位。短寸法需测量的部位较多，在童装中尤其是较小儿童的服装中应用不是特别方便。

童装相对成人装较宽松，对体型的把握并不十分严格，因此比例法在童装中的应用十分广泛。

第二节　儿童身体测量与号型设计

在童装纸样设计中，为了使儿童着装更加舒适合体，就必须要了解儿童的体型、人体比例等信息，所以对儿童人体尺寸的测量是进行童装结构设计的前提。

一、儿童身体测量方法

儿童身体测量方法主要有接触式测量和非接触式测量。

1. 接触式测量

接触式测量属于传统的人体测量方法。常见的接触式测量工具有软尺、身高仪、杆状计、触角器、滑动计等。接触式测量方法操作简单，成本低，且能测量一些隐蔽部位的尺寸，但测量误差较大。由于婴幼儿主动配合能力差，该时期儿童身体测量主要用接触式测量方法。另外，该时期儿童三围差异不明显，进行人体测量时，某些测量部位（如腰围）需要做辅助标记。

2. 非接触式测量

数字化技术的快速发展，计算机与多媒体技术的高效融合，为非接触式测量方法的出现奠定了基础。常见的非接触式测量工具主要有人体轮廓线投影机、莫尔体型描绘仪、三维人体轮廓仪及三维人体扫描仪。

在进行儿童身体测量时，应根据测量对象特点、测量要求等，选择合适的测量方法，也可根据需要将几种测量方法结合使用。

二、儿童身体测量的注意事项

（1）测量姿势要正确。

儿童人体测量时，被测者应采用正确的姿势，婴儿期主要采取仰卧测量，其他儿童期可根据测量部位要求选择立姿或坐姿测量。

立姿要求被测者挺胸直立，眼睛平视前方，肩部放松，上肢自然下垂，手指伸直，手掌朝向腿部并轻贴于身体，两脚后跟并拢，脚尖分开呈 45° 夹角。

坐姿要求被测者挺胸坐在高度适宜的座椅上，眼睛平视前方，大腿基本与地面平行，膝盖呈直角，两脚平放于地面上，手轻放于大腿上。

仰卧姿势要求被测者脸向上平躺，两手臂垂直伸直，两腿并拢伸直。

（2）根据测量目的，被测者应合适着装。

（3）测量要按照一定的顺序进行，以免遗漏，同时也节省了时间。

（4）测量部位的起止点要找准。

（5）测量者拿尺手法应准确，软尺要平，不宜过紧或过松，测量围度时应留有一定的余量。

（6）幼儿的腰围线不明显，测量时可使其弯曲肘部，肘内侧凸起骨头的位置是腰围线的位置。

三、儿童身体测量部位

根据童装结构设计的需要，常见的测量部位主要有以下21个部分。测量的具体部位见图1-2-1。

（1）身高 从头顶点至地面的垂直距离，其是服装号型的长度依据。

（2）颈椎点高 从颈椎点至地面的垂直距离。

（3）背长 从颈椎点至腰围线的长度，需考虑一定的肩胛骨凸出的松量。

（4）肩宽 经过后颈点，量取左右肩端点之间的弧线距离。

（5）臂长 自肩点经肘点到腕关节的距离。

（6）头围 经过头部前额中央、耳上方和后枕骨环绕一周的尺寸。

（7）胸围 胸部最大位置水平围量一周的尺寸。

（8）腰围 腰部最细的位置水平围量一周的尺寸。

（9）臀围 臀部最大位置水平围量一周的尺寸。

（10）颈围 经前颈点、侧颈点、后颈点，水平测量一周。

（11）臂根围 自腋下经过肩端点与前后腋点环绕手臂根部一周所得的尺寸。

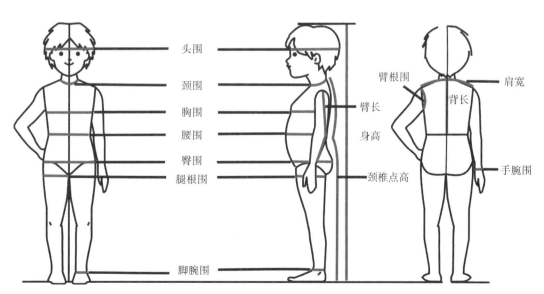

图1-2-1 测量部位示意图

（12）手腕围　手腕部经过尺骨茎突点环绕一周所得的尺寸。

（13）腿根围　大腿根下水平测量一周。

（14）脚腕围　在脚踝骨处水平量取一周。

（15）坐姿颈椎点高　人坐在椅子上，从颈椎点垂直量至椅面的距离。

（16）衣长　从颈部后中心点量至服装所需长度的部位。

（17）袖长　从肩端点沿手臂量至服装所需袖长的部位。

（18）裤长　从腰围线量至裤装所需的长度。

（19）裙长　从腰围线量至裙装所需的长度。

（20）上裆长　坐姿颈椎点高减去背长的尺寸。

（21）下裆长　裤长减去上裆长的尺寸。

四、童装号型系列设置

国家标准服装号型规定了儿童服装的号型意义、号型标志、号型应用和号型系列。1997 年在原有《国家标准服装号型 · 儿童》标准中增加了婴儿号型标准，并在 2009 年 1 月 1 日实施 GB/T1335.3—2009《儿童服装号型》中明确规定，以 cm 作为单位，按人体身高 / 胸围或腰围方式标注服装号型，上装标注身高 / 胸围，下装标注身高 / 腰围。

（一）童装号型的定义及标志

号指人体的身高，是表示童装长度设计和选购的参数。

型指人体的胸围或腰围，是童装围度设计和选购的参数。

童装号型标志是号 / 型，表示所采用该号型的服装适用于身高和胸围（或腰围）与此号型相接近的儿童。如，上装号型 100/52 表明该服装适用于身高 98 ~ 102cm，胸围 50 ~ 53cm 的儿童穿着；下装号型 100/50 表明该服装适用于身高 98 ~ 102cm，腰围 49 ~ 51cm 的儿童穿着。

（二）我国儿童服装号型系列表

身高 52 ~ 80cm 的婴儿，身高以 7cm 跳档，胸围以 4cm 跳档，腰围以 3cm 跳档，分别组成 7 · 4 和 7 · 3 系列。上装号型系列见表 1-2-1，下装号型系列见表 1-2-2。身高 80 ~ 130cm 的儿童，身高以 10cm 跳档，胸围以 4cm 跳档，腰围以 3cm 跳档，分别组成 10 · 4 和 10 · 3 系列。上装号型系列见表 1-2-3，下装号型系列见表 1-2-4。

身高 135 ~ 155cm 的女童和身高 135 ~ 160cm 的男童，身高以 5cm 跳档，胸围以 4cm 跳档，腰围以 3cm 跳档，分别组成 5 · 4 和 5 · 3 系列。上、下装号型系列见表 1-2-5 ~ 表 1-2-8。

表1-2-1　身高52~80cm婴儿上装号型系列表（7·4系列）　　单位：cm

号	型		
52	40		
59	40	44	
66	40	44	48
73		44	48
80			48

表1-2-2　身高52~80cm婴儿下装号型系列表（7·3系列）　　单位：cm

号	型		
52	41		
59	41	44	
66	41	44	47
73		44	47
80			47

表1-2-3　身高80~130cm儿童上装号型系列表（10·4系列）　　单位：cm

号	型				
80	48				
90	48	52	56		
100	48	52	56		
110		52	56		
120		52	56	60	
1302			56	60	64

表1-2-4　身高80~130cm儿童下装号型系列表（10·3系列）　　单位：cm

号	型				
80	47				
90	47	50	53		
100	47	50	53		
110		50	53		
120		50	53	56	
130			53	56	59

表1-2-5　身高135~155cm女童上装号型系列表（5·4系列）　　　单位：cm

号	型					
135	56	60	64			
140		60	64			
145			64	68		
150			64	68	72	
155				68	72	76

表1-2-6　身高135~155cm女童下装号型系列表（5·3系列）　　　单位：cm

号	型					
135	49	52	55			
140		52	55			
145			55	58		
150			55	58	61	
155				58	61	64

表1-2-7　身高135~160cm男童上装号型系列表（5·4系列）　　　单位：cm

号	型					
135	60	64	68			
140	60	64	68			
145		64	68	72		
150		64	68	72		
155			68	72	76	
160				72	76	80

表1-2-8　身高135~160cm男童下装号型系列表（5·3系列）　　　单位：cm

号	型					
135	54	57	60			
140	54	57	60			
145		57	60	63		
150		57	60	63		
155				63	66	
160				63	66	69

（三）童装号型系列控制部位数值

控制部位数值指人体主要部位的数值（系净体数值），这些数值是设计服装规格的依据。在我国服装号型中，身高80cm以下的婴儿没有控制部位数值。

1）身高80 ~ 130cm儿童控制部位的数值（表1-2-9 ~ 表1-2-11）

表1-2-9　身高80~130cm儿童长度方面控制部位数值　　　　单位：cm

部　位	号					
	80	90	100	110	120	130
身　高	80	90	100	110	120	130
坐姿颈椎点高	30	34	38	42	46	50
全臂长	25	28	31	34	37	40
腰围高	44	51	58	65	72	79

表1-2-10　身高80~130cm儿童上装围度方面控制部位数值　　　　单位：cm

部　位	型				
	48	52	56	60	64
胸　围	48	52	56	60	64
颈　围	24.2	25	25.8	26.6	27.4
总肩宽	24.4	26.2	28	29.8	31.6

表1-2-11　身高80~130cm儿童下装围度方面控制部位数值　　　　单位：cm

部　位	型				
	47	50	53	56	59
腰　围	47	50	53	56	59
臀　围	49	54	59	64	69

2）身高135 ~ 155cm女童控制部位的数值（表1-2-12 ~ 表1-2-14）

表1-2-12　身高135~155cm女童长度方面控制部位数值　　　　单位：cm

部　位	号				
	135	140	145	150	155
身　高	135	140	145	150	155
坐姿颈椎点高	50	52	54	56	58
全臂长	43	44.5	46	47.5	49
腰围高	84	87	90	93	96

表1-2-13 身高135～155cm女童上装围度方面控制部位数值　　　单位：cm

部　位	型				
	60	64	68	72	76
胸　围	60	64	68	72	76
颈　围	28	29	30	31	32
总肩宽	33.8	35	36.2	37.4	38.6

表1-2-14 身高135～155cm女童下装围度方面控制部位数值　　　单位：cm

部　位	型				
	52	55	58	61	64
腰　围	52	55	58	61	64
臀　围	66	70.5	75	79.5	84

3）身高135 ～ 160cm男童控制部位的数值（表1-2-15 ～ 表1-2-17）

表1-2-15 身高135～160cm男童长度方面控制部位数值　　　单位：cm

部　位	型					
	135	140	145	150	155	160
身　高	135	140	145	150	155	160
坐姿颈椎点高	49	51	53	55	57	59
全臂长	44.5	46	47.5	49	50.5	52
腰围高	83	86	89	92	95	98

表1-2-16 身高135～160cm男童上装围度方面控制部位数值　　　单位：cm

部　位	型					
	60	64	68	72	76	80
胸　围	60	64	68	72	76	80
颈　围	29.5	30.5	31.5	32.5	33.5	34.5
总肩宽	34.5	35.8	37	38.2	39.4	40.6

表1-2-17 身高135～160cm男童下装围度方面控制部位数值　　　单位：cm

部　位	型					
	54	57	60	63	66	69
腰　围	54	57	60	63	66	69
臀　围	64	68.5	73	77.5	82	86.5

第三节 童装规格尺寸设计

一、童装放松量设计

1. 童装放松量的组成部分

服装设计不仅要美观大方，同时要满足人体的活动需要，童装设计也是如此。服装基本放松量是为使服装与人体产生空隙而加放的量，是为了满足人体活动的需要在人体净尺寸的基础上加放的松量。基本的放松量只是满足人体活动的需要，而在服装结构制图时，放松量不仅要满足人体活动的需要，又要满足内衣厚度的需要以及服装造型的需要。由此，童装放松量主要由满足儿童人体活动的量、满足内衣厚度的量、满足服装造型需要的量三个部分组成。

2. 童装放松量确定的原则

1）体形适合原则

因儿童体型发育快，服装的放松量应适当加大，但不能过大，否则会影响儿童的行动。

2）款式适合原则

决定童装放松量的主要因素之一是服装的款式。服装款式指人穿上衣服后的形状，它是忽略了服装各局部的细节特征的大效果。服装作为直观形象，出现在人们的视野里的首先是其轮廓外形。部分童装为凸显其可爱活泼的特征，在造型上会做一些夸张设计，在确定放松量时需要充分考虑造型特点。

3）合体程度原则

在传统观念中，有人往往认为童装的合体性不需要考虑，童装就应该大而肥。事实上，过大过肥的童装不仅穿着后外观不美，而且阻碍孩子运动，甚至存在安全隐患。因此，确定童装放松量时，既不能忽视儿童的身体发育特点，又不能不满足服装合体性的要求。

4）材料性能原则

制作服装的材料的性能也影响了放松量的设计。如厚重面料放松量要大些，轻薄类面料的放松量要小些。

3. 童装主要品种放松量参考表（表1-3-1）

表1-3-1 童装主要品种放松量参考表　　　　　　　　　单位：cm

品　种	部　位			
	胸围	腰围	臀围	领围
衬　衫	12~16			1.5~2
背　心	10~14			
外　套	16~20			2~3

（续表）

品种	部位			
	胸围	腰围	臀围	领围
夹克衫	18～26			2～4
大衣	18～??			3～5
连衣裙	12～16			
背心裙	10～14			
短裤		2（加橡皮筋除外）	8～10	
西裤		2（加橡皮筋除外）	12～14	
便裤		2（加橡皮筋除外）	17～18	
半截裙		2（加橡皮筋除外）		

二、童装规格设计

童装规格设计，是在考虑童体和服装之间的关系上，采用定量化形式表现服装的款式造型特点、服装用途、着装对象的体型特征的重要技术设计内容。童装的规格设计要从不同年龄段儿童的体型特征、童装的款式特点及使用的面料特性来着手，掌握其变化规律及特性。

常见童装规格设计例举：

1. 童外套

衣长 = 0.6 身高 ±0～3cm（长外套）

裤长 = 0.6 身高 −2～4cm

胸围 =（净胸围 + 内穿衣物厚度）+ X $\begin{cases} 10～16cm（较合体风格）\\ 17～24cm（较宽松风格）\\ 25cm 以上（宽松风格）\end{cases}$

领围 = 0.25(净胸围 + 内层衣服厚度)+13～17cm

肩宽 = 0.3 胸围 +8～9cm

袖长 = 0.3 身高 +3～5cm

2. 童大衣

衣长 = 0.6 身高 +0～5cm

胸围 =（净胸围 + 内层衣服厚度）+X $\begin{cases} 15～20cm（较合体风格）\\ 20～30cm（较宽松风格）\end{cases}$

肩宽 = 0.3 胸围 +10cm 左右

领围 = 0.25（净胸围 + 内穿衣服厚度）+14～16cm

袖长 = 0.3 身高 +9～10cm

3. 童连衣裙（无领、无袖、腰部缝装松筋）

裙长 =0.5 身高 +0 ～ 2cm

胸围 = 净胸围 +14cm（较宽松风格）

4. 童装夹克

衣长 =0.4 身高 +2 ～ 4cm

胸围 =（净胸围 + 内穿衣服厚度）+ $\begin{cases} 8 ～ 14cm（较合体风格）\\ 17 ～ 22cm（较宽松风格）\\ 22cm 以上（宽松风格）\end{cases}$

肩宽 =0.3 胸围 +11 ～ 12cm

领围 =0.25（净胸围 + 内穿衣服厚度）+15 ～ 18cm

袖长 =0.3 身高 +8 ～ 9cm

5. 男童休闲直筒裤（较合体）

裤长 =0.6 身高 −5cm

臀围 = 净臀围 +6cm

直裆 = 人体上裆 +2cm

腰围 = 净腰围 +2cm

前臀宽 = 后臀宽 = 臀围 /4

后裆宽 = 臀围 /9

前裆宽 = 臀围 /16

第四节　童装制图知识

一、童装制图工具

（1）直尺。直尺是童装制图的必备工具，一般采用不易变形的材料制作。直尺的刻度需清晰，20cm、45cm、60cm、100cm 的直尺较适宜。

（2）直角尺。两边成 90° 的尺子。一把为等腰三角形，尺内最好含有量角器，另一把为由 30°、60° 和 90° 内角组成的直角三角形尺。

（3）弯尺。两侧呈弧线状的尺子，用于绘制侧缝、袖缝等长弧线。

（4）软尺。有两种材质组成，均可用于测量袖窿弧线长和袖山弧线长等样板曲线部位。一种为皮尺，另一种是薄型聚酯材料尺。

（5）比例尺。绘图时用来度量长度的工具，其刻度按长度单位缩小或放大若干倍。

（6）铅笔。一般以中性（HB）、软性（B ～ 2B）铅笔为好。制作基础线时选用 HB 型铅笔，轮廓线一般选用 B ～ 2B 型铅笔。

（7）滚轮。铁皮或不锈钢制成，有单片滚轮，也有两片滚轮组合的。

（8）锥子。可做样板洞眼标记。

（9）剪刀。可用于裁样板，或做刀眼标记。注意裁纸与裁布的剪刀最好分开，以延长剪刀的寿命。

（10）绘图橡皮。用于擦拭多余或需更正的线条。

二、童装制图的线条与符号

1. 童装制图比例

在童装结构制图中，制图比例可分为原值比例（1∶1制图），缩小比例（1∶2，1∶3，1∶5，1∶10等），放大比例（2∶1，4∶1），根据实际制图需要，可选择不同的比例。

2. 童装制图常用线条及符号（表1-4-1~ 表1-4-3）

表1-4-1　童装制图图像表　　　　　　　　　　　　　　单位：cm

序号	名　称	形　式	粗细度	用　途
1	粗实线	————————	0.9	服装和零部件轮廓线 部位轮廓线
2	细实线	————————	0.3	基础线 尺寸线和尺寸界线 引出线
3	虚　线	- - - - - - - - -	0.3	叠层轮廓影示线
4	点画线	— - — - — - —	0.3	对折线（对称部位）
5	双点画线	— - - — - - —	0.3	转折线（不对称部位）

表1-4-2　童装制图符号表

序号	名　称	说　明	用　途
1	等分		表示某一线段平均分成若干等份
2	等长		表示两段长度相等
3	等量	○　△　□	表示两段长度相等
4	经向	↑↓	表示布料的经纱方向
5	倒顺	→	表示褶裥、省道、过肩等折到方向
6	斜向	↗	表示45°斜丝方向

（续表）

序号	名 称	说 明	用 途
7	省道		表示该部分需缝合
8	单向褶裥		表示顺向褶裥自高向低的折倒方向
9	对合褶裥		表示对合褶裥自高向低的折倒方向
10	抽褶		表示该部位收拢抽皱褶
11	重叠		表示交叉重叠
12	对接		表示两部分在裁片中连在一起
13	直角		表示两线互相垂直
14	扣眼		表示该部位索扣眼
15	拉链		表示该部位装拉链
16	花边		表示该部位装花边

表1-4-3 童装制图主要部位代号

序号	中文名称	英文名称	代号	序号	中文名称	英文名称	代号
1	胸 围	Bust	B	13	胸 点	Bust Point	BP
2	腰 围	Waist	W	14	肩端点	Shoulder Piont	SP
3	臀 围	Hip	H	15	侧颈点	Side Neck Point	SNP
4	腹 围	Middle Hip	MH	16	前领窝点	Front Neck Point	FNP
5	领 围	Neck	N	17	后颈点	Back Neck Point	BNP
6	胸围线	Bust Line	BL	18	背 长	Back Length	BAL
7	腰围线	Waist Line	WL	19	背 宽	Back Width	BW
8	臀围线	Hip Line	HL	20	胸 宽	Fron Bust Width	FW
9	腹围线	Middle Hip Line	MHL	21	袖口宽	Cuff Width	CW
10	领围线	Neck Line	NL	22	袖窿弧长	Arm Hole	AH
11	肘 线	Elbow Line	EL	23	长 度	Length	L
12	膝 线	Knee Line	KL	24	头 围	Head Size	HS

三、童装制图名称与打板设计

　　规范童装各个部位的名称和术语有利于不同区域，以及教学与服装外贸用语的统一，但其是一项长期工作，有待不断完善。

1. 上衣各主要部位名称（图1-4-1）

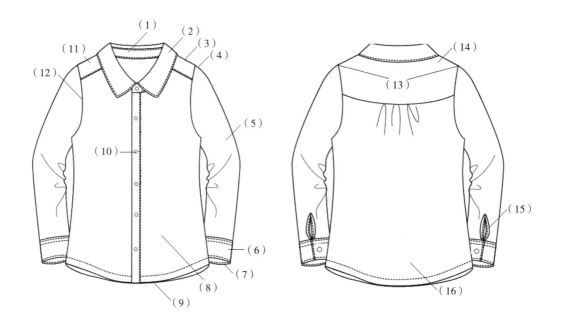

图1-4-1　上衣各主要部位名称

（1）领座（stand collar）　　　　　　（9）底边（hem）
（2）领面（top collar）　　　　　　　 （10）纽扣（button）
（3）小肩（small shoulder）　　　　　（11）前过肩（front yoke）
（4）袖山（sleeve top crown）　　　　（12）袖窿（armhole）
（5）袖片（sleeve）　　　　　　　　　（13）总肩宽（across shoulder）
（6）袖克夫（cuff）　　　　　　　　　（14）后过肩（back yoke）
（7）袖口（sleeve opening）　　　　　（15）袖衩（sleeve vent）
（8）前衣片（front part）　　　　　　（16）后衣片（back part）

2. 裙子各主要部位名称（图1-4-2）

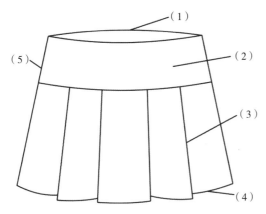

（1）腰头（waistband）
（2）育克（yoke）
（3）裥（pleat）
（4）裙摆（hem）
（5）侧缝拉链（sead seam zipper）

图1-4-2　裙子各主要部位名称

3. 裤子各主要部位名称（图1-4-3）

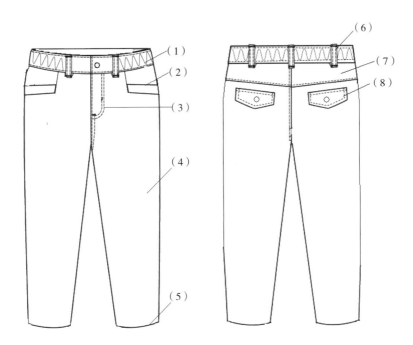

图1-4-3　裤子各主要部位名称

（1）腰头（waistband）　　　（5）脚口（leg opening）
（2）插袋（insert pocket）　　（6）裤襻（waist tab）
（3）门襟（fly facing）　　　（7）育克（yoke）
（4）裤片（trousers piece）　（8）后袋盖（back flap）

第2章

童装工效研究

服装工效研究在服装设计、服装结构乃至人们日常生活中都发挥着极其重要的作用。儿童按年龄主要分为：婴儿期、幼儿期、学龄前期、学龄期和少年期五个时期。童装也相应的分为婴儿装、幼儿装、学龄前期儿童服装、学龄期儿童服装和少年服装。不同年龄段儿童体型特征、心理特征及行为特征差异较大，因此，不同时期的服装有不同特征。

童装工效研究分为两个部分进行讲解，第一节主要从年龄段、市场习惯、季节、着装场合和服装的用途介绍童装的分类。第二节通过比较不同时期儿童体型特征、心理特征、行为特征，归纳总结不同时期的着装需求。

第一节　童装的分类

随着市场的不断细分，童装产业快速发展，儿童在家庭地位的提升也使得童装在市场的份额越来越显著，童装市场逐渐壮大。

一、依据年龄分类

通常把儿童按年龄分为五个时期：婴儿期、幼儿期、学龄前期、学龄期、少年期。儿童从出生到周岁前叫婴儿期；1 ~ 3 岁为幼儿期；4 ~ 6 岁为学龄前期；6 ~ 12 岁为学龄期；13 ~ 15 岁为少年期。童装也相应分为婴儿装、幼儿装、学龄前期儿童服装、学龄期儿童装和少年服装。

二、依据市场习惯分类

随着童装业逐渐发展壮大，童装形成了相对独立的市场。在欧美国家，婴儿装品牌的年龄段一般在 0 ~ 18 个月；在中国婴幼儿服装品牌的消费人群一般定在 3 周岁以下。在实际消费过程中，因儿童个体差异较大，服装消费市场一般按身高对儿童服装进行分类，一般分为小童、中童和大童。

三、依据季节分类

按照季节，可将童装分为春秋装、夏装和冬装。春秋装一般以长袖T恤、长袖衬衫、薄外套、长裤、背心等为主；夏装多以短袖短裤、无袖为主，女孩一般喜欢穿裙装；冬装以保暖内衣、毛衫、厚外套、棉衣、羽绒服为主。春秋服装颜色较鲜明、夏装颜色淡雅明快、冬装色彩应含蓄耐脏。

四、依据着装场合分类

按照着装场合，可将童装分为居家装和外出装。居家服装较注重服装穿着的舒适性，款式简单偏实用，面料多以柔软的棉质服装为主；外出时穿着的服装，款式上要有一定的创新，色彩偏明快，讲求一定的时尚感，面料选用范围较广。上了小学及年龄更大的儿童，根据学校要求，或需穿着校服。其中婴幼儿装居家装和外出装区分不是很明显。

五、依据服装的用途分类

按照服装的用途，可将童装分为T恤、衬衫、毛衣、外套、棉服、羽绒服、内衣内裤、裙装、裤装等。婴儿时期还有连身衣、口水垫、抱被、睡袋等。

第二节 儿童体型、心理、行为特征与着装需求

儿童身体发育很快，不同时期儿童体型差异很大，心理特征和行为特征区别明显，同一时期不同阶段儿童体型也有差异。因此不同的时期，儿童着装需求差异显著。

一、婴儿期特征及着装需求

1. 体型特征

从出生到周岁前称为婴儿期。儿童出生时平均身高为50cm左右，平均体重为3kg左右。出生后的2～3个月内，身高可增加10cm左右，体重会成倍增加。到1周岁时，身高增加约1.5倍，体重增加约3倍。婴儿身头比例为4∶1，头大，胸围、腰围、臀围区别不明显。

2. 心理特征与心理需求

婴儿前期基本处于睡眠状态，之后睡眠时间逐渐减少。该时期主要是睡眠多，出汗多，排泄次数多，皮肤细腻滑嫩。

3. 行为动作特征

婴儿一般4～5个月开始能翻身，6～7个月能自己坐起，并想伸手去拿看见的东西，8～9个月能爬来爬去，12～13个月开始学走路，部分婴儿能独立迈出几步。婴儿生长速度很快，服装更新淘汰也很快。婴儿的内衣以100%棉纤维织物为主，服装应宽松柔软，透气性要好。外衣宽而不松，保暖性好，服装要有利于婴儿活动。偏小的衣服不利于婴儿生长发育，不宜穿着。

4. 着装需求及服装款式特点

由于婴儿特殊的生长规律与活动特点，婴儿装对服装的面料、色彩、结构等要求更高。由于婴儿喜爱拉扯、咬衣物，婴儿早期服装多通过系绳带的形式闭合，但绳带的长度不易过长，以免缠住无自理能力的宝宝。领子以无领或短立领为主，领口适当开大，领子不宜过高过厚，不能紧固脖子，以免引起窒息。服装上的纽扣应钉牢，拉链头应光滑，无尖角，且不可松脱。上装的开口一般设在肩部或侧边。

二、幼儿期特征及着装需求

1. 体型特征

1～3岁为幼儿期，该时期幼儿脸面稍大，脖子慢慢明显，颈部逐渐成型，肩开始

向外突出，胸部和腹部的突出开始减少。该时期幼儿特征可概括为：身头比例为 4.5:1，头大，颈短，身体挺且腹部凸出。

2. 心理特征与心理需求

幼儿喜欢群居，两周岁时特别喜欢与同伴玩耍，三周岁前思维是伴随着动作来实现的。

3. 行为动作特征

此阶段儿童从学走路，到学会走路，再到跑、跳，行为动作发育迅速。该时期，幼儿自己学穿衣服，手指较灵活，能够独立拉拉链。

4. 着装需求及服装款式特点

幼儿早期走路不稳，依然经常被家人抱起，因此裤长设计应适当加长，裤脚口可装罗纹。裤裆最好采用两用裆，腰头装松紧。幼儿后期，动作发育迅速，跑、爬、跪、蹲等动作种类多，动作之间的交替快，因此上衣不宜过宽松，衣长和袖长不能太长、袖口不能太大，领口不宜太高。裤腰头可做成松紧腰或松紧可调节腰，上裆适当加长，膝盖处有一定余量。鞋子大小应适宜，太小不利于发育，太大容易摔跤。服装以天然纤维织物为主，吸湿透气性要好，另外要耐磨、耐脏。

三、学龄前期特征及着装需求

1. 体型特征

4 ~ 6 岁为学龄前期。学龄前期儿童身头比例约为 5:1 ~ 6:1，挺胸，凸腹，窄肩，四肢短，胸围、腰围、臀围区别依然不明显。该时期孩子处于很活跃的阶段，但生长速度开始缓慢，速度平稳。

2. 心理特征与心理需求

学龄前期儿童大部分时间在幼儿园渡过，男孩与女孩在性格上也出现了一些差异，身体上出现第一个平稳成长期。

3. 行为动作特征

此阶段儿童体力发育快速，会唱一些简单的儿歌，并开始学跳舞。

4. 着装需求及服装款式特点

该时期儿童下肢长得较快，因此衣长、裤长宜适当加长。由于该时期儿童进入幼儿园，有了一定的社交活动，服装款式可稍复杂些，款式变化可丰富一些，满足孩子好奇式心理。另外，服装应有明显的性别差异，适体且易于活动。

四、学龄期特征及着装需求

1. 体型特征

6 ~ 12 岁为学龄期。学龄期是儿童身体发育的关键期，从此儿童将进入青春期。此阶段儿童体格发育基本平稳，身头比例约为 6∶1 ～ 6.5∶1，男童的肩部比女童宽些，此阶段女孩发育超过男孩，并逐渐出现胸围与腰围的差值。

2．心理特征与心理需求

学龄期儿童生活范围从幼儿园、家庭转到学校，学习逐渐成为生活的中心，男女生的性格、体型差异日益明显。该阶段前期，儿童的想象力十分发达，之后渐渐能客观地，实事求是地认识客观世界，依靠直觉加上自己对事物的认识与想象表达自我。

3．行为动作特征

该时期儿童动作发育基本成熟，男孩更加活泼好动，儿童各项动作的幅度加大，动作的协调性越来越好。

4．着装需求及服装款式特点

服装不仅要穿着舒适，而且要有一定的修身、美化人体的功能。服装要简洁大方，搭配协调，色彩清雅，服装部件的实用性要加强，服装外廓形式感有一定的变化。该时期儿童出现了胖瘦区分，服装设计时需考虑一定的修身作用。性别差异逐渐明显，服装设计制作时要注意性别的区别。

五、少年期特征及着装需求

1．体型特征

少年期少女三围尺寸差异开始显著，逐渐变成脂肪型体型，生长发育速度减慢。少男的身高、体重、胸围的发育超过女孩，肩变宽，逐渐变成肌肉型体型。男童的青春期发育比女孩多两年，大多数女孩先定身高，后定三围。

2．心理特征与心理需求

该时期儿童有了自己的审美意识和独立思考能力，但还未完全形成独立观点。在服装选择和喜好上，容易受同学或家长的影响。

3．行为动作特征

该时期少年逐渐向青春期转变，生理的明显变化对心理变化产生了一定影响，喜欢表达自我，情绪容易波动。

4．着装需求及服装款式特点

该时期如果服装款式过于活泼，则儿童难以接受，但过于成人化的服装又显得严肃老成，失去了孩子的朝气蓬勃。针对这一时期，服装设计要考虑他们的生活环境与特点，款式要协调大方，设计中要充分考虑孩子的着装目的、着装场合。服装的选择要注意培养孩子的审美观念和审美价值，主要以不束缚发育的休闲服装为主。

第3章

童下装结构制图

从服装着装部位可将服装分为上装和下装两大类型。下装指穿在腰节以下的服装,主要包括各种裙子和裤子。裙装是一种围于下体的服装,也是人类最早的服装之一,广义的裙子主要包括连衣裙、衬裙、腰裙等。因其通风散热性好,女性和儿童广泛穿着。裤装主要由裤腰、裤裆和裤腿组成,也是人们着装较多的一类服装。

童下装结构制图分两个部分进行讲解,第一节是裙装结构制图,共 11 款;第二节是裤装结构制图,共 30 款。童下装所有款式均从款式特征入手,然后进行设计与分析,最后完成结构制图。

第一节　裙装结构制图

一、节裙

款式特征

这是一款三层节裙，下层节裙上部密拷①且与上层下摆拼合，腰头装松紧，下摆装荷叶边。款式简洁，面料为雪纺，适合女中童夏季穿着，款式如图3-1-1所示。

成品规格和主要部位尺寸见表3-1-1、表3-1-2。

图3-1-1　节裙款式图

表3-1-1　成品规格表　　　　　单位：cm

部　位	身　高			
	80	90	95	100
裙长L	20	21	22	23
腰围W	62	64	66	68
腰头宽	3	3	3	3

表3-1-2　主要部位尺寸表　　　　　单位：cm

序号	部　位	身　高			
		80	90	95	100
①	裙片1高	2.5	2.9	3.2	3.5
②	裙片1长	15.5	16	16.5	17
③	裙片2高	6	6.3	6.7	7
④	裙片2长	25	25.5	26	26.5
⑤	裙片3高	8.5	8.8	9.1	9.5
⑥	裙片3长	36.5	37	37.5	38
⑦	腰　长	62	64	66	68
⑧	腰头宽	3	3	3	3
⑨	下摆荷叶边高	2.5	2.5	2.5	2.5
⑩	下摆荷叶边长	108	110	112	114
⑪	腰松紧长（参考）	41	42	43	44

---

① 密拷：拷边的线迹又细又密，类似于木耳边的效果。

节裙基础结构如图 3-1-2 所示。

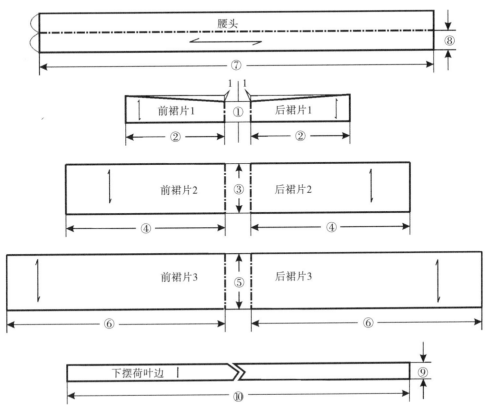

图3-1-2 节裙结构图

二、蝴蝶结背带裙

款式特征

这是一款背带裙，腰部拼缝处上下抽细褶，并在前中心线拼缝处订蝴蝶结，下摆贴花边，前后款式一样（结构制图时前后也一样）。款式简洁活泼，适合女小、中童夏季穿着，款式如图 3-1-3 所示。

图3-1-3 蝴蝶结背带裙款式图

成品规格和主要部位尺寸见表 3-1-3、表 3-1-4。

表3-1-3 成品规格表

单位：cm

部 位	身 高							
	70	80	90	95	100	110	120	130
裙长L	40	43	46	49	52	57	62	67
胸围B	54	56	58	60	62	66	70	74
腰围W（拉松紧前）	70	72	74	76	78	82	86	90

表3-1-4 主要部位尺寸表

单位：cm

序号	部 位	身 高							
		70	80	90	95	100	110	120	130
①	上拼高	12	12.5	13	13.5	14	14.5	15	15.5
②	上拼上宽	7	7.25	7.5	7.75	8	8.25	8.5	8.75
③	挂肩（直量）	7	7.5	8	8.5	9	9.5	10	10.5
④	$\frac{1}{4}$ 胸围	13.5	14	14.5	15	15.5	16.5	17.5	18.5
⑤	$\frac{1}{4}$ 腰围	17.5	18	18.5	19	19.5	20.5	21.5	22.5
⑥	裙片长	20.5	23	25	27.5	29.5	33.5	37.5	41.5
⑦	裙片下摆	21	21.5	22	22.5	23	24	25	26
⑧	肩带长	21	21	22	22	23	24	25	25
⑨	肩带宽	3	3	3	3	3	3	3	3
⑩	腰松紧长（参考）	46	48	50	52	54	56	58	60

蝴蝶结背带裙基础结构如图 3-1-4 所示。

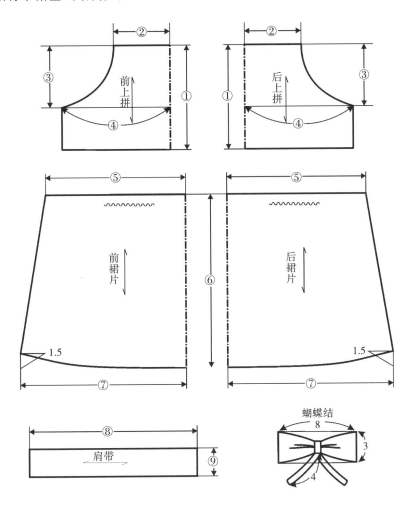

图3-1-4　蝴蝶结背带裙结构图

三、吊带连衣裙

款式特征

这是一款吊带连衣裙。裙子上口拼花边，拼缝处压人字织带，后上拼通过多条细松紧抽褶，腰节处裙片上口密拷，缝份外露。面料为全棉泡泡纱，款式时尚典雅，适合女中童夏季穿着，款式如图 3-1-5 所示。

图3-1-5　吊带连衣裙款式图

成品规格和主要部位尺寸见表3-1-5、表3-1-6。

表3-1-5 成品规格表   单位：cm

部 位	身 高			
	90	100	110	120
裙长L	45	50	55	60
胸围B	46	48	50	52
腰围W	48	50	52	56
臀围H	58	60	62	64

表3-1-6 主要部位尺寸表   单位：cm

序号	部 位	身 高			
		90	100	110	120
①	前上拼高	12	12.5	13	13
②	侧缝高	6	7	7.5	7.5
③	$\frac{1}{4}$胸围	11.5	12	12.5	13
④	$\frac{1}{4}$腰围	12	12.5	13	14
⑤	后拼高	8.5	9	9.5	9.5
⑥	胸围展开量	3	3.5	4	4.5
⑦	腰围展开量	2	2.25	2.5	2.5
⑧	前背带位（拉量）	4	4.25	4.5	4.75
⑨	背带宽	2.5	2.5	2.5	3
⑩	腰节高	20	21.5	23	24
⑪	肩 宽	7.5	7.75	8	8.75
⑫	后背带位	4.75	5	5.25	5.5
⑬	裙片长	25	28.5	32	36
⑭	臀位线	9.7	10	10.3	10.6
⑮	臀 围	14.5	15	15.5	16
⑯	裙下摆展开量	4.25	4.5	4.75	5

吊带连衣裙基础结构及裙片展开如图 3-1-6 所示。

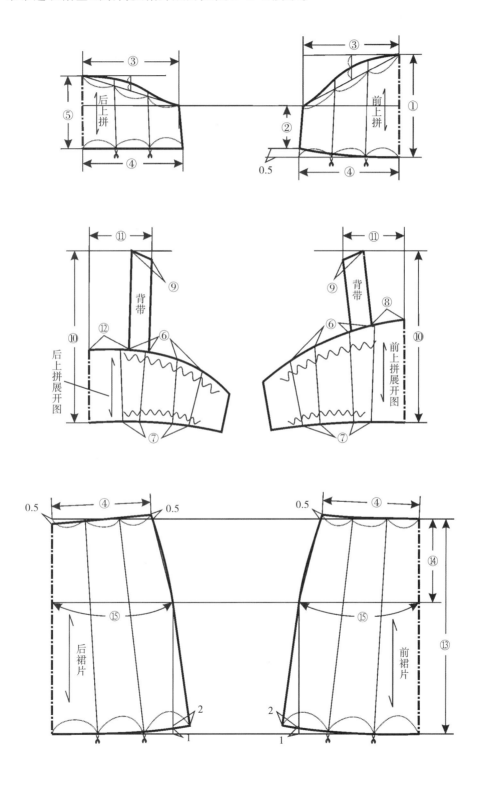

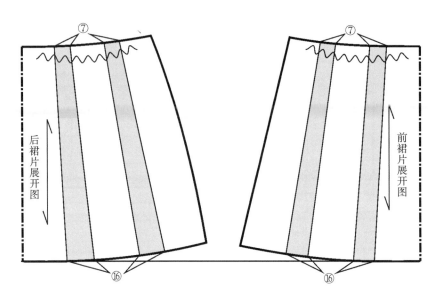

图3-1-6　吊带连衣裙结构图及裙片展开图

图3-1-7　吊带花边连衣裙款式图

四、吊带花边连衣裙

款式特征

这是一款吊带花边连衣裙。1cm 宽吊带肩部绑蝴蝶结，裙片下摆拼抽褶花边，后腰节处绑蝴蝶结，后中心线装拉链，后上口装松紧。面料为全棉梭织印花布，款式典雅，适合女中、大童夏季穿着，款式如图 3-1-7 所示。

成品规格和主要部位尺寸见表 3-1-7、表 3-1-8。

表3-1-7　成品规格表　　　　　　　　　　　　　单位：cm

部　位	身　高			
	130	140	150	160
裙长L	65	70	75	80
胸围B	72	76	80	86
腰围W	68	72	76	82

表3-1-8 主要部位尺寸表

单位：cm

序号	部位	身 高			
		130	140	150	160
①	裙片长	65	70	75	80
②	腰节	28	31	34	37
③	前上拼高	18	20.5	23	25.5
④	$\frac{1}{4}$ 胸围	18	19	20	21.5
⑤	$\frac{1}{4}$ 腰围	17	18	19	20.5
⑥	侧开缝	7	9	11	13
⑦	腰节宽	3.5	3.5	3.5	3.5
⑧	前带位	7.5	8	8.5	9
⑨	前背带长	27	28	28	29
⑩	后上拼高	9.5	11.5	13.5	15.5
⑪	后带位	7.5	7.5	8	8
⑫	后背带长	32	33	34	35
⑬	腰带长	80	85	85	90
⑭	腰带宽	3.5	3.5	3.5	3.5

吊带花边连衣裙基础结构及裙片展开如图3-1-8所示。

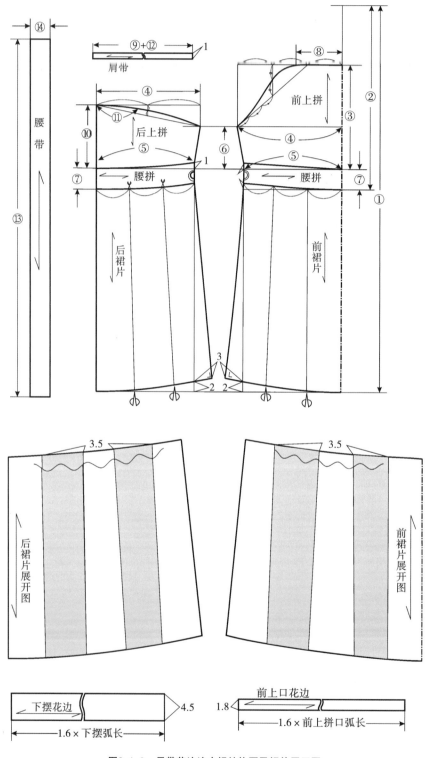

图3-1-8 吊带花边连衣裙结构图及裙片展开图

五、花边连衣裙

款式特征

这是一款无领无袖花边连衣裙,后开门,前后上拼边缘嵌花边,拼缝处抽褶,款式活泼可爱。面料为全棉牛津纺,适合女中童夏季穿着,款式如图 3-1-9 所示。

成品规格和主要部位尺寸见表 3-1-9、表 3-1-10。

图3-1-9 花边连衣裙款式图

表3-1-9 成品规格表
单位:cm

部 位	身 高			
	90	100	110	120
裙长L	45	50	55	60
胸围B	54	58	62	66
肩宽S	20	21.5	23	24.5

表3-1-10 主要部位尺寸表
单位:cm

序号	部 位	身 高			
		90	100	110	120
①	裙片长	45	50	55	60
②	落 肩	1.5	1.65	1.8	1.95
③	前领深	7	7.5	7.5	8
④	前上拼高	10	10.5	11	11.5
⑤	挂 肩	13	13.5	14.5	15.5
⑥	前领宽	6.75	7	7.25	7.5
⑦	前肩宽	10	10.75	11.5	12.5
⑧	胸 宽	8.25	9	9.75	10.5
⑨	$\frac{1}{4}$ 胸围	13.5	14.5	15.5	16.5
⑩	后领深	2.5	2.5	2.5	2.5

（续表）

序号	部 位	身　高			
		90	100	110	120
⑪	后上拼高	9	9.5	9.7	10.2
⑫	后领宽	6.75	7	7.25	7.5
⑬	后肩宽	10	10.75	11.5	12.5
⑭	背　宽	9.25	10	10.75	11.5

花边连衣裙基础结构及裙片展开如图 3-1-10 所示。

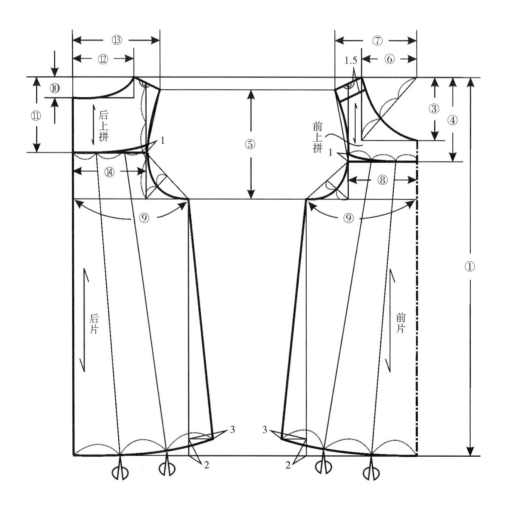

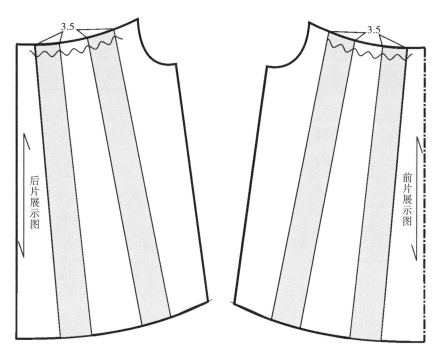

图3-1-10　花边连衣裙结构图及裙片展开图

六、无领无袖连衣裙

款式特征

这是一款无领无袖连衣裙，腰节处配腰带，前腰节下附袋盖，后腰节中心线处钉蝴蝶结，前衣片拼缝处嵌 3cm 宽蕾丝花边。面料为斜纹呢，款式活泼，适合女中童春秋季穿着，款式如图 3-1-11 所示。

成品规格及主要部位尺寸见表 3-1-11、表 3-1-12。

图3-1-11　无领无袖连衣裙款式图

表3-1-11　成品规格表　　　　　　　　　　单位：cm

部　位	身　高			
	90	100	110	120
衣长 L	45	50	55	60
胸围 B	56	60	64	68
肩宽 S	22	24	26	28
腰围 W	58	61	64	68

表3-1-12　主要部位尺寸表　　　　　　　　　　　　　　　　单位：cm

序 号	部　位	身　高			
		90	100	110	120
①	腰节高	20	22.5	25	27.5
②	前领深	8.5	8.8	9	9
③	落　肩	1.2	1.4	1.6	1.8
④	挂　肩	13	14	15	16
⑤	前领宽	6.5	6.75	7	7.25
⑥	$\frac{1}{2}$ 肩宽	11	12	13	14
⑦	胸（背）宽	10	11	12	13
⑧	$\frac{1}{4}$ 胸围	14	15	16	17
⑨	$\frac{1}{4}$ 腰围	13.5	14.5	15	16
⑩	花边间距	1.6	1.75	1.75	2
⑪	后领深	2	2	2	2
⑫	后领宽	6.5	6.75	7	7.25
⑬	下裙长	25	27.5	30	32.5
⑭	裙下摆	18.5	19.5	20.5	21.5
⑮	袋盖宽	8	8	8.5	9
⑯	袋盖高	4.5	4.5	4.5	4.5
⑰	腰带宽	4	4	4	4
⑱	腰带长	54	58	60	64
⑲	蝴蝶结长	15	15	16	16
⑳	蝴蝶结高	10	10	10	10

无领无袖连衣裙基础结构及裙片展开如图 3-1-12 所示。

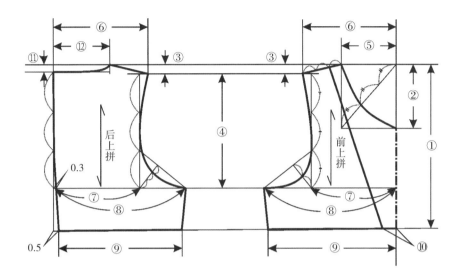

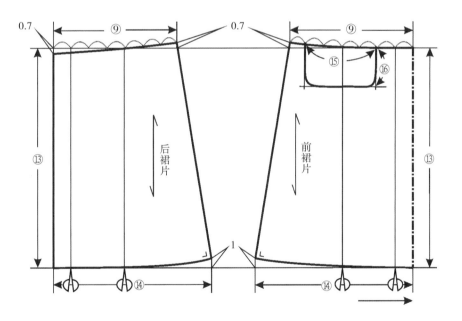

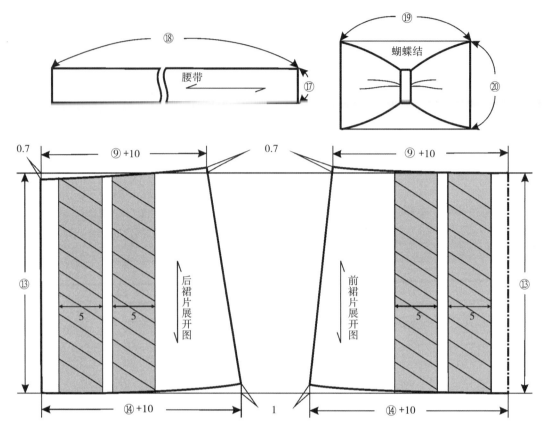

图3-1-12　无领无袖连衣裙结构图

七、塔克连衣裙

款式特征

这是一款无领（领窝处加装饰花边）无袖连衣裙，明门襟7粒扣，前后拼缝处压塔克线至腰节处，并在腰节处系腰带。面料为平织仿牛仔布，款式简洁活泼，适女中、大童夏季穿着，款式如图3-1-13所示。

图3-1-13　塔克连衣裙款式图

成品规格及主要部位尺寸见表3-1-13、表3-1-14。

表3-1-13 成品规格表

单位：cm

部 位	身 高				
	110	120	130	140	150
裙长L	58.5	64	69.5	75	80.5
肩宽S	25.5	27	28.5	30	32
胸围B	62	66	71	76	81

表3-1-14 主要部位尺寸表

单位：cm

序 号	部 位	身 高				
		110	120	130	140	150
①	裙片长	58.5	64	69.5	75	80.5
②	前领深	8.6	9	9.4	9.8	10.2
③	落 肩	1.6	1.7	1.9	2	2.2
④	挂 肩	13.2	14	14.9	15.8	16.7
⑤	腰节长	23	25	27	29	30
⑥	前领宽	7.7	8	8.3	8.7	9
⑦	前肩宽	12.25	13	13.75	14.5	15.5
⑧	$\frac{1}{4}$胸围	15.5	16.5	17.75	19	20.25
⑨	前拼缝位	7.5	8	8.5	9	9.5
⑩	后领宽	8.2	8.5	8.8	9.2	9.5
⑪	后肩宽	12.75	13.5	14.25	15	16
⑫	袋 位	3.5	3.5	4	4.5	5
⑬	袋 宽	10	11	12	13	14
⑭	袋 高	12	12	13	13	14

塔克连衣裙基础结构及前后下拼展开如图 3-1-14 所示。

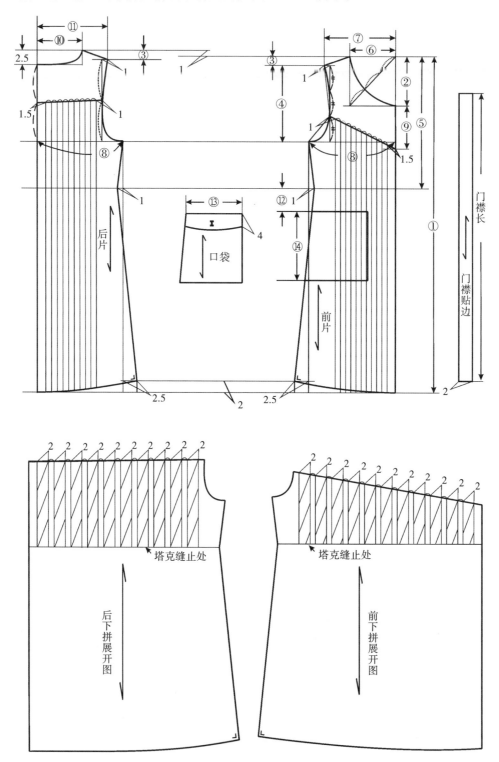

图3-1-14　塔克连衣裙结构图及前后下拼展开图

八、无袖花边连衣裙

款式特征

　　这是一款无领无袖连衣裙，前拼缝及后拼缝一半处附荷叶花边，腰节拼缝处裙片抽细褶，下摆拼荷叶花边，后中心装隐形拉链。面料为色织格子布，款式活泼，主要适合女中、大童夏季穿着，款式如图3-1-15所示。

　　成品规格及主要部位尺寸见表3-1-15、表3-1-16。

图3-1-15　无袖花边连衣裙

表3-1-15　成品规格表　　　　　　　　　　　　　单位：cm

部　位	身　高				
	110	120	130	140	150
裙长L	55	60	65	70	75
肩宽S	24	25.5	27	28.5	30.5
胸围B	61	65	70	75	80
腰围W	59	63	68	73	78

表3-1-16　主要部位尺寸表　　　　　　　　　　　单位：cm

序号	部　位	身　高				
		110	120	130	140	150
①	裙片长	45	49	53	57	61
②	前领深	8.1	8.5	8.9	9.3	9.7
③	腰节高	22	24	26	28	29
④	落　肩	1.9	2.05	2.2	2.35	2.55
⑤	挂　肩	12.5	13.5	14	15	16
⑥	前领宽	7	7.3	7.6	7.9	8.3
⑦	前肩宽	11.5	12.25	13	13.75	14.75
⑧	$\frac{1}{4}$胸围	15.25	16.25	17.5	18.75	20
⑨	$\frac{1}{4}$腰围	14.75	15.75	17	18.25	19.5
⑩	前拼缝宽	6	6.25	6.5	6.75	7

（续表）

序号	部 位	身　　高				
		110	120	130	140	150
⑪	后领深	2	2	2	?	2
⑫	后领宽	7.5	7.8	8.1	8.4	8.8
⑬	后肩宽	12	12.75	13.5	14.25	15.25
⑭	后拼缝宽	6.5	6.75	7	7.25	7.5
⑮	下摆花边长	172	184	198	213	228
⑯	下摆花边高	10	11	12	13	14
⑰	拼缝花边高	3.5	3.5	3.5	4	4

无袖花边连衣裙基础结构及前后下片展开如图 3-1-16 所示。

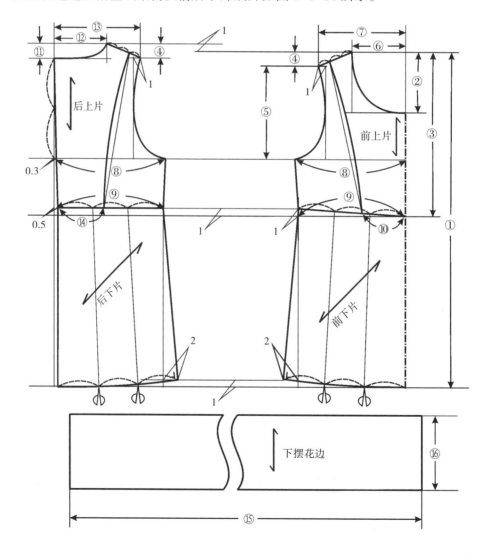

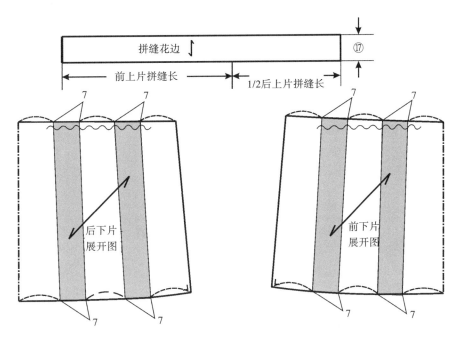

图3-1-16　无袖花边连衣裙结构图及前后下片展开图

九、泡泡短袖连衣裙

款式特征

这是一款无领泡泡短袖连衣裙，袖口抽细褶，腰节拼缝处下裙片抽细褶，后背中心装隐形拉链，裙下摆附花边装饰。款式典雅，适合女童夏季穿着，款式如图3-1-17所示。

成品规格及主要部位尺寸见表3-1-17、表3-1-18。

图3-1-17　泡泡短袖连衣裙款式图

表3-1-17　成品规格表
单位：cm

部　位	身　高				
	110	120	130	140	150
裙长L	60	66	72	78	84
肩宽S	25	26.5	28	29.5	31.5
胸围B	64	68	73	78	83

（续表）

部 位	身　　高				
	110	120	130	140	150
腰围W	64	68	73	77	82
袖长SL	9.4	10	10.6	11.2	11.8
袖口宽CW	10.4	11	11.6	12.2	12.8

表3-1-18　主要部位尺寸表　　　　　　单位：cm

序号	部　位	身　　高				
		110	120	130	140	150
①	裙片长	56	62	68	73.5	79.5
②	前领深	8.1	8.5	8.9	9.3	9.7
③	腰节高	24	26	28.5	31	33
④	落肩	2	2.1	2.3	2.5	2.7
⑤	挂肩	14.2	15	15.9	16.8	17.7
⑥	领宽	8.05	8.4	8.75	9.1	9.45
⑦	$\frac{1}{2}$肩宽	12.5	13.25	14	14.75	15.75
⑧	胸宽	11	11.75	12.5	13.25	14
⑨	$\frac{1}{4}$胸围	16	17	18.25	19.5	20.75
⑩	$\frac{1}{4}$腰围	16	17	18.25	19.25	20.5
⑪	后领深	2	2	2	2	2
⑫	背宽	11.85	12.5	13.15	13.8	14.7
⑬	袖片长	9.4	10	10.6	11.2	11.8
⑭	袖山高	6	6	6.5	6.5	7
⑮	下摆花边高	4	4	4	4.5	4.5

泡泡短袖连衣裙基础结构及前后下片、袖片展开如图 3-1-18 所示。

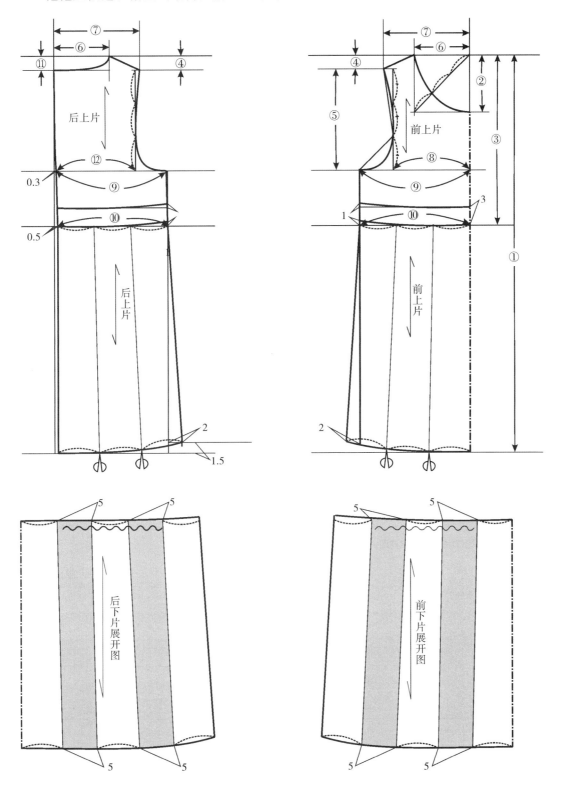

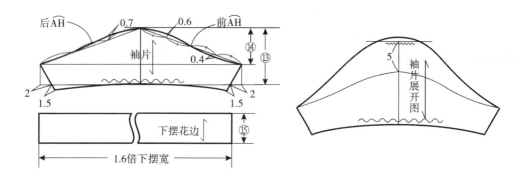

图3-1-18 泡泡短袖连衣裙结构图及前后下片、袖片展开图

十、风帽针织连衣裙

款式特征

这是一款无袖风帽针织连衣裙，左胸贴袋，袋口两个裥。面料为汗布，款式简洁，适合女中童夏季穿着，款式如图 3-1-19 所示。

成品规格及主要部位尺寸见表 3-1-19、表 3-1-20。

图3-1-19 风帽针织连衣裙款式图

表3-1-19 成品规格表 单位：cm

部 位	身 高						
	80	90	95	100	110	120	130
裙长L	42	45	48	51	56	61	66
胸围B	54	56	58	60	64	68	72
肩宽S	21	22	23	24	26	28	30

表3-1-20 主要部位尺寸表 单位：cm

序号	部 位	身 高						
		80	90	95	100	110	120	130
①	裙片长	42	45	48	51	56	61	66
②	前领深	5	5.5	5.5	6	6	6.5	6.5
③	落 肩	1.6	1.7	1.8	1.9	2.1	2.3	2.5
④	挂 肩	11.5	12	12.5	13	14	15	16
⑤	腰 节	20	22.5	23.75	25	27.5	30	32.5
⑥	领 宽	6.75	7	7	7.25	7.5	7.75	8
⑦	$\frac{1}{2}$ 肩宽	10.5	11	11.5	12	13	14	15
⑧	$\frac{1}{4}$ 胸围	13.5	14	14.5	15	16	17	18
⑨	下摆宽	17	17.5	18	18.5	19.5	20.5	21.5
⑩	下摆起翘	1.5	1.5	1.5	2	2	2	2
⑪	袋位1	3	3	3	3.5	3.5	3.5	4
⑫	袋位2	11.5	11.5	11.5	12.5	12.5	12.5	12.5
⑬	门襟长	12	12	12	13	13	14	14
⑭	口袋宽	9	9	9	9.5	9.5	10	10
⑮	口袋高	5	5	5	5.5	5.5	6	6
⑯	后领深	1.6	1.6	1.6	1.7	1.7	1.7	1.7
⑰	帽 长	26	27	27	27	28	29	30
⑱	帽 宽	18	19	19	20	21	22	23

风帽针织连衣裙基础结构如图 3-1-20 所示。

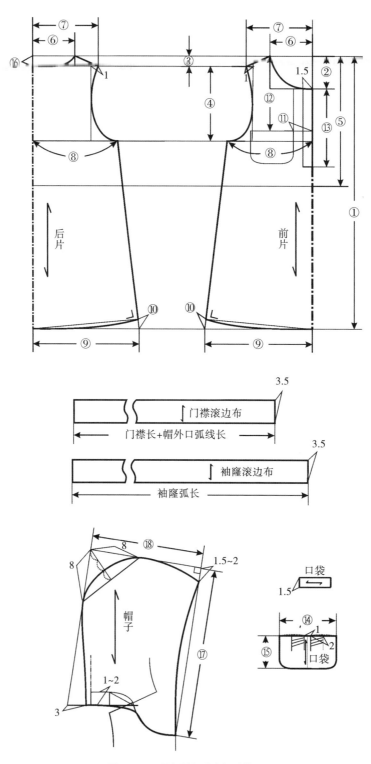

图3-1-20　风帽针织连衣裙结构图

十一、长袖平领连衣裙

款式特征

这是一款平领泡泡长袖连衣裙。袖口装克夫，克夫上袖片做裥，并做袖衩。前上片公主线分割，腰节处系腰带，裙片腰头抽褶，后中心装隐形拉链。面料为全棉色织格子布，款式淑女典雅，适合女大童春秋季穿着，款式如图3-1-21所示。

成品规格及主要部位尺寸见表3-1-21、表3-1-22。

图3-1-21 长袖平领连衣裙款式图

表3-1-21 成品规格表
单位：cm

部 位	身 高			
	130	140	150	160
裙长L	67	72	77	82
胸围B	76	80	86	92
肩宽S	30	32	34	36
袖长SL	48	52	55	59
腰围W	72	76	80	84

表3-1-22 主要部位尺寸表
单位：cm

序号	部 位	身 高			
		130	140	150	160
①	腰节高	32	35	38	41
②	落 肩	2	2.2	2.4	2.6
③	前领口深	9.5	10	10.5	11
④	挂肩（直量）	18	19	20	21
⑤	领口宽	7.5	7.75	8.5	8.75
⑥	$\frac{1}{2}$ 肩宽	15	16	17	18
⑦	前冲肩量	1.5	1.5	1.5	1.5
⑧	$\frac{1}{4}$ 胸围	19	20	21.5	23

（续表）

序号	部　位	身　高			
		130	140	150	160
⑨	$\frac{1}{4}$ 腰围	18	19	20	21
⑩	后领深	2	2	2	2
⑪	后冲肩量	1	1	1	1
⑫	裙片长	35	37	39	41
⑬	袖片长	45	49	52	56
⑭	袖山高	7.5	7.5	8	8
⑮	袖口宽	17	18	19	20
⑯	袖衩长	11	11	12	12
⑰	袖克夫宽	3	3	3	3
⑱	后中领面宽	4.5	4.5	5	5

长袖平领连衣裙基础结构及前后裙片展开如图 3-1-22 所示。

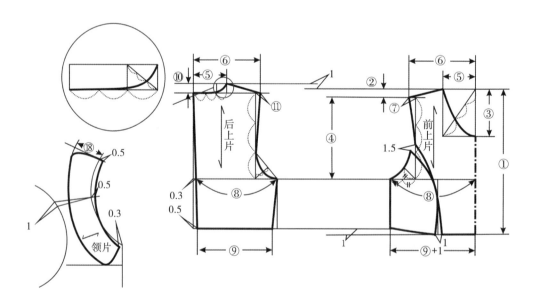

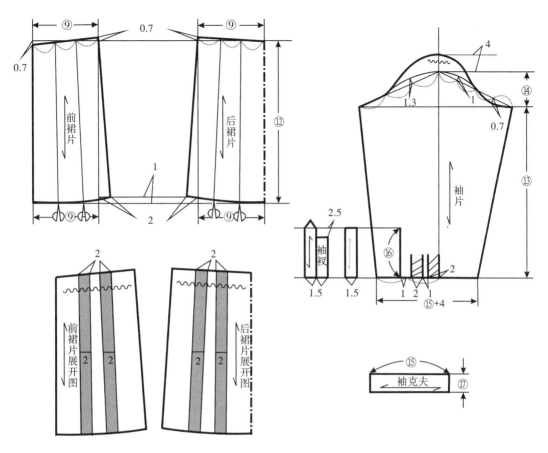

图3-1-22 长袖平领连衣裙结构图及前后裙片展开图

第二节 裤装结构制图

一、花边背带短裤

款式特征

这是一款前护胸开纽眼，可调节肩带的短裤，边缘拼 1.5cm 宽花边，前裤装腰，腰头中心钉蝴蝶结。前腰处和前裤口裤片抽褶，脚口装克夫，后裤片装连腰松紧，肩带背部交叉并通过马王襻固定。款式活泼，穿着舒适，适合女中童夏季穿着，款式如图 3-2-1 所示。

图3-2-1 花边背带短裤款式图

成品规格及主要部位尺寸见表 3-2-1、表 3-2-2。

表3-2-1　成品规格表　　　　　　　　　单位：cm

部　位	身　高			
	90	100	110	120
前护胸高	11.5	12.5	13	14
裤长L	26	28	30	32
臀围H	64	68	72	76
裤口宽SB	17	18	19	20
上裆（含腰）BR	18	19	20	21

表3-2-2　主要部位尺寸表　　　　　　　　单位：cm

序号	部　位	身　高			
		90	100	110	120
①	前护胸高	11.5	12.5	13	14
②	前护胸宽	8	8.5	9	9.5
③	裤片长	20.8	22.8	24.8	26.8
④	裤片上裆	15	16	17	18
⑤	裤片臀围/腰围①	15.5	16.5	17.5	18.5
⑥	前裤脚口	14.5	15.5	16.5	17.5
⑦	后裤臀围/腰围	16.5	17.5	18.5	19.5
⑧	后裤脚口	19.5	20.5	21.5	22.5
⑨	展开量	5.5	5.5	5.5	6
⑩	前腰头长	12	12.5	13	13.5
⑪	腰头宽	3	3	3	3
⑫	裤口克夫高	2.2	2.2	2.2	2.2
⑬	肩带位	2.75	3	3.25	3.5
⑭	肩带宽	2.5	2.5	2.5	2.5
⑮	肩带长	48	54	60	66
⑯	肩带襻位	9	10	11	12
⑰	肩带襻长	6	6	6	6
⑱	蝴蝶结长	8.5	8.5	9	9
⑲	蝴蝶结宽	5	5	5.5	5.5

① 裤片臀围尺寸=裤片腰围尺寸。

花边背带短裤的基础结构如图 3-2-2 所示。

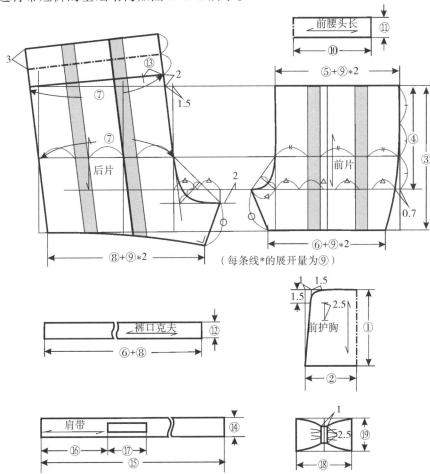

图3-2-2　花边背带短裤的结构图

二、侧贴袋背带短裤

款式特征

这是一款腰节上拼前护胸，后护背的短裤，腰节处装松紧，缉假门襟，裤片侧缝贴袋。脚口装克夫，克夫上裤片抽褶。面料为全棉牛津纺，款式俏皮、时尚，适合女大童夏季穿着，款式如图 3-2-3 所示。

成品规格及主要部位尺寸见表 3-2-3、表 3-2-4。

图3-2-3　侧贴袋背带短裤款式图

表3-2-3 成品规格表 单位：cm

部 位	身 高			
	130	140	150	160
衣长 L	63	67	71	76
胸围 B	66	70	76	80
肩宽 S	18	19	20	21
臀围 H	86	90	96	102
裤口宽 SB	22	23	24	25
上裆（含腰）BR	22	23	24	25

表3-2-4 主要部位尺寸表 单位：cm

序号	部 位	身 高			
		90	100	110	120
①	前上拼高	29	31.5	34	36.5
②	前领深	4	4	4.5	4.5
③	横开领	6	6.25	6.5	6.75
④	$\frac{1}{2}$ 肩宽	9	9.5	10	10.5
⑤	$\frac{1}{4}$ 胸围	16.5	17.5	19	20
⑥	后上拼高	28	30.5	33	35.5
⑦	后上拼宽	7	7.5	7.5	8
⑧	肩带长	26	27	28	30
⑨	肩带宽	2.5	2.5	2.5	2.5
⑩	裤片长	27.5	29	30.5	32.5
⑪	裤片上裆	22	23	24	25
⑫	前裤片臀围/腰围	21	22	23.5	25
⑬	前小裆宽	3.4	3.6	3.8	4
⑭	前裤口	19	20	21	22
⑮	后裤片臀围/腰围	22	23	24.5	26
⑯	后小裆宽	8.5	9	9.5	10
⑰	后裤口	25	26	27	28
⑱	袋 位	3.5	4	4.5	5
⑲	袋 长	12	12	13	13
⑳	袋 宽	14	14	15	15
㉑	袋口宽	12	12	13	13
㉒	门襟长	10	11	11	12

侧贴袋背带短裤基础结构如图 3-2-4 所示。

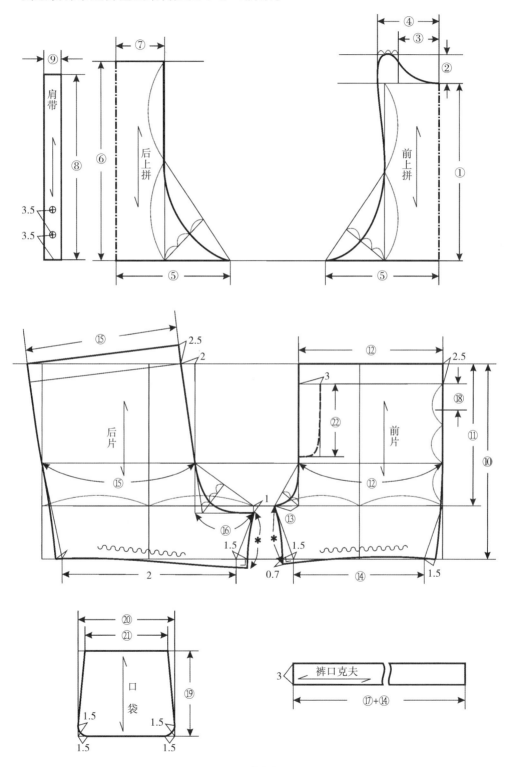

图3-2-4 侧贴袋背带短裤结构图

三、罗纹脚口背带裤

图3-2-5 罗纹脚口背带裤款式图

款式特征

这是一款前背带在前上拼外钉可调节扣的背带裤,上下拼缝处裤片做裥,前裤片做圆插袋,后裤片钉贴袋,后袋口抽褶。后背带重叠钉,脚口抽褶装罗纹,适合小、中童穿着,款式如图3-2-5所示。

成品规格及主要部位尺寸见表3-2-5、表3-2-6。

表3-2-5 成品规格表
单位：cm

部 位	身 高							
	70	80	90	95	100	110	120	130
裤长 L	53.5	57	60	63.5	67	73	79	85
胸围 B	56	58	60	62	64	68	72	76
臀围 H	56	58	60	62	64	68	72	76
裤口宽 SB	9.5	10	10.5	11	11	11.5	12	12.5

表3-2-6 主要部位尺寸表
单位：cm

序号	部 位	身 高							
		70	80	90	95	100	110	120	130
①	前上拼长	12	12.5	12.5	13	13	13.5	14	14.5
②	前领深	3	3	3.5	3.5	4	4.5	4.5	5
③	领 宽	4.75	5	5	5	5.25	5.5	5.75	6
④	背带宽	2.5	2.5	2.5	2.5	3	3	3	3
⑤	$\frac{1}{4}$胸围	14	14.5	15	15.5	16	17	18	19
⑥	裤片长	27	29.5	32	34.5	37	41.5	45.5	50
⑦	裤片直裆	18	18.5	19	19.5	20.5	22	23.5	25

（续表）

序号	部 位	身 高							
		70	80	90	95	100	110	120	130
⑧	裤片臀围/腰围	14	14.5	15	15.5	16	17	18	19
⑨	前小裆宽	2.8	2.9	3	3.1	3.2	3.4	3.6	3.8
⑩	前裤口	9	9.5	10	10.5	10.5	11	11.5	12
⑪	前袋位	4	4	4	4	4	4	4	4
⑫	前袋长	9.5	9.5	9.5	10	10.5	10.5	11	11
⑬	前袋宽	3	3	3	3.5	3.5	3.5	4	4
⑭	后裤臀围/腰围	14	14.5	15	15.5	16	17	18	19
⑮	后裆宽	6.2	6.4	6.6	6.8	7.0	7.5	8.0	8.5
⑯	后裤口	14.5	15	15.5	16	16	16.5	17	17.5
⑰	后背长	12.5	13	13	13.5	13.5	14	14.5	15
⑱	后背带宽	1.25	1.25	1.25	1.25	1.5	1.5	1.5	1.5
⑲	后袋宽	9	9	9	9	10	10	11	11
⑳	后袋长	9	9	9	9	10	10	11	11
㉑	裤口罗纹长	19	20	21	22	22	23	24	25
㉒	裤口罗纹宽	5	5	5	5	5.5	5.5	6	6
㉓	肩带长	25	26	27	28	29	30.5	32.5	34.5

罗纹脚口背带裤基础结构如图 3-2-6 所示。

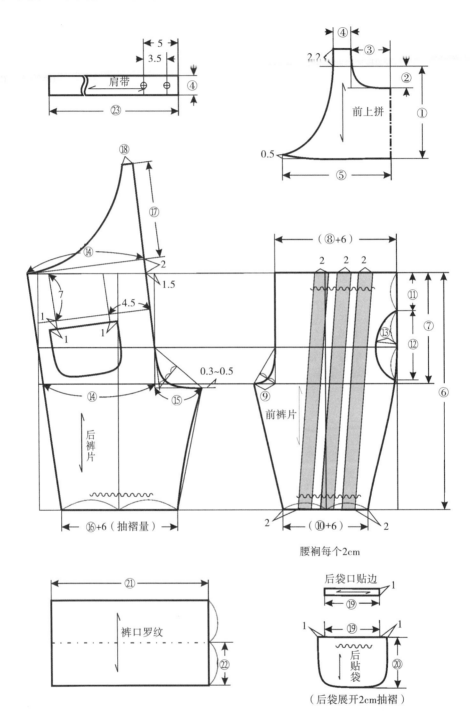

图3-2-6 罗纹脚口背带裤结构图

四、侧裥背带裤

款式特征

这是一款前上拼左右各做两个裥的背带裤，裤侧缝做插袋，并做两个裥，后腰装松紧，肩带在后背处交叉并通过马王襻固定。款式如图3-2-7所示。

成品规格及主要部位尺寸见表3-2-7、表3-2-8。

图3-2-7　侧裥背带裤款式图

表3-2-7　成品规格表　　　　单位：cm

部　位	身　　高		
	80	90	95
裤总长L	66	71	80.5
臀围H	60	62	65
直裆（含腰）BR	21.5	22	23
裤口宽SB	9.5	10	11

表3-2-8　主要部位尺寸表　　　　单位：cm

序号	部　位	身　　高		
		80	90	95
①	前上拼高	9.5	10.5	12.5
②	前上拼上宽	6.75	7	7.5
③	前上拼下宽	11.25	11.5	12
④	裤片长	39.5	43	50
⑤	裤片直裆	18.5	19	20
⑥	裤片臀围/腰围	15	15.5	16.25
⑦	裤片裆宽	3.5	3.7	4
⑧	后腰起翘	2	2	2
⑨	裤片脚口	9.5	10	11
⑩	袋　宽	3.5	3.5	3.5
⑪	袋　长	8	8	8

（续表）

序号	部 位	身　高		
		80	90	95
⑫	前肩带长	17.5	18	18.5
⑬	后肩带长	26.5	28	30.5
⑭	肩带宽	2.5	2.5	2.5
⑮	后腰松紧宽	2	2	2
⑯	后腰松紧长（参考）	24.5	24.5	26.5

侧裥背带裤基础结构如图 3-2-8 所示。

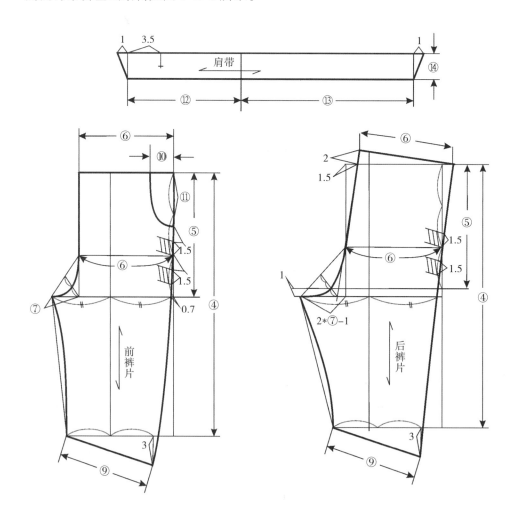

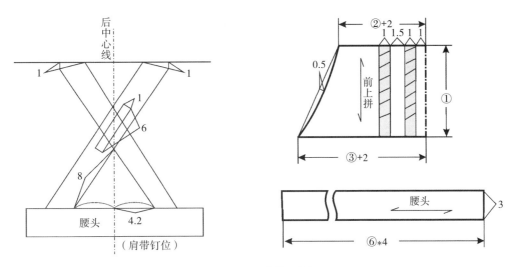

图3-2-8 侧裥背带裤结构图

五、蝴蝶结背带裤

款式特征

背带裤前上拼门襟处加贴边布并钉装饰扣,两侧缉塔克。后上拼胸围和腰围处装松紧。后肩带开双纽位,用来调节肩带长度,前下段裤片做插袋,偏前门襟处做裥。腰头中心订双层蝴蝶结,款式活泼可爱,适合女小童穿着,款式如图 3-2-9 所示。

成品规格及主要部位尺寸见表 3-2-9、表 3-2-10。

图3-2-9 蝴蝶结背带裤款式图

表3-2-9 成品规格表　　　　　　　　　　单位:cm

部　位	身　高			
	70	80	90	95
裤长 L	60	65	70	75
上裆(含腰)BR	17.5	18	18.5	19
胸围 B	46	48	50	52
臀围 H	64	66	68	70
腰头宽	2.5	2.5	2.5	2.5

表3-2-10 主要部位尺寸表

单位：cm

序号	部 位	身 高			
		70	80	90	95
①	前上拼长	23	24.5	26	27.5
②	前领深	13	13.5	14	14.5
③	挂肩（直量）	17	17.5	18	18.5
④	前领宽	5.5	5.75	6	6.25
⑤	肩带宽	3	3	3	3
⑥	前胸围	12	12.5	13	13.5
⑦	后胸围	16.5	17	17.5	18
⑧	后肩带间距	2.25	2.25	2.5	2.75
⑨	后肩带长	24	24.5	25	25.5
⑩	裤片长	34.5	38	41.5	45
⑪	裤片上裆	15	15.5	16	16.5
⑫	前裤臀围	16.5	17	17.5	18
⑬	前裤口	11.5	12	12.5	12.5
⑭	前腰围	14.5	15	15.5	16
⑮	前袋宽	3	3	3	3
⑯	前袋长	7	7	7	7
⑰	后裤臀围	16.5	17	17.5	18
⑱	后裤口	12.5	13	13.5	13.5
⑲	后裤腰围	16.5	17	17.5	18
⑳	腰头长	46	48	50	52
㉑	腰头宽	2.5	2.5	2.5	2.5
㉒	蝴蝶结长	10	10	10	10
㉓	蝴蝶结宽	6	6	6	6
㉔	后胸松紧长（参考）	23.5	24.5	25.5	26.5
㉕	后腰松紧长（参考）	25	25.5	26	26.5

蝴蝶结背带裤基础结构如图 3-2-10 所示。

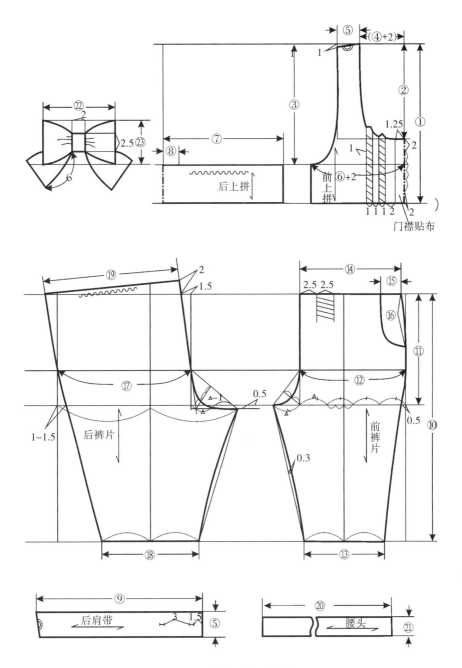

图3-2-10 蝴蝶结背带裤结构图

六、罗纹针织短裤

款式特征

这是一款罗纹针织短裤,后右裤片贴袋,松紧腰头,95cm及以下做两用档。款式简洁大方,针织罗纹为面料,适合小、中童夏季穿着,款式如图3-2-11所示。

成品规格及主要部位尺寸见表3-2-11、表3-2-12。

图3-2-11 罗纹针织短裤款式图

表3-2-11 成品规格表   单位:cm

部 位	身 高						
	80	90	95	100	110	120	130
裤长 L	20.5	21.5	22.5	23	24	25	26.5
上档(含腰)BR	15	15.5	16	16.5	17	17.5	18.5
臀围 H	48	50	52	54	56	59	62
裤口宽 SB	12.5	13	13.5	14	14.5	15	16
腰头宽	3	3	3	3	3	3	3

表3-2-12 主要部位尺寸表   单位:cm

序号	部 位	身 高						
		80	90	95	100	110	120	130
①	裤片长	17.5	18.5	19.5	20	21	22	23.5
②	裤片直档	12	12.5	13	13.5	14	14.5	15.5
③	前裤臀围/腰围	12	12.5	13	13.5	14	14.25	15.5
④	前档宽	2.4	2.5	2.6	2.7	2.8	2.95	3.1
⑤	前裤口	10.5	11	11.5	12	12.5	13	14
⑥	后裤臀围/腰围	12	12.5	13	13.5	14	14.25	15.5
⑦	后档宽	6	6.25	6.5	6.75	7	7.38	7.75

（续表）

序号	部 位	身 高						
		80	90	95	100	110	120	130
⑧	后裤口	14.5	15	15.5	16	16.5	17	18
⑨	困 势	1.2	1.2	1.2	1.3	1.3	1.4	1.4
⑩	后腰起翘	2.4	2.4	2.4	2.5	2.5	2.6	2.6
⑪	后带位1	2	2	2	2.3	2.6	3	3.4
⑫	后带位2	4.5	4.5	4.5	5	5.5	6	6.5
⑬	后袋宽	8	8.5	8.5	8.5	9	9	9.5
⑭	后袋长	8.5	9	9	9	9.5	9.5	10
⑮	腰头长	42	44	46	48	51	53	56
⑯	腰头宽	3	3	3	3	3	3	3
⑰	腰松紧长（参考）	40	41	42	43	44	46	48

罗纹针织短裤基础结构如图3-2-12所示。

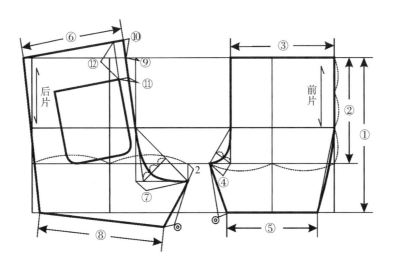

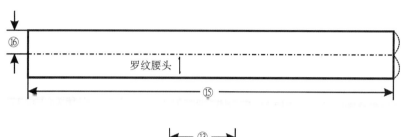

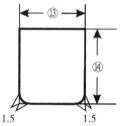

图3-2-12 罗纹针织短裤结构图

七、贴边短裤

款式特征

这是一款腰部松紧可调节的贴边短裤，前裤片左右各一个斜插袋，假门襟，身高 90cm 及以下做两用裆。后裤片育克拼缝，后右裤片做贴袋。脚口贴毛边，面料为斜纹呢子，款式时尚，适合女中童秋季穿着，款式如图 3-2-13 所示。

成品规格和主要部位尺寸见表3-2-13、表3-2-14。

图3-2-13 贴边短裤款式图

表3-2-13 成品规格表   单位：cm

部 位	身 高			
	80	90	95	100
裤长 L	28	30	34	34
上裆（含腰）BR	19	20	21	22
臀围 H	66	70	74	78
裤口宽 SB	17	18	19	20
腰头宽	3	3	3	3

表3-2-14　主要部位尺寸表　　　　单位：cm

序号	部　位	身　高			
		80	90	95	100
①	裤片长	25	27	31	31
②	裤片直裆	16	17	18	19
③	前裤臀围/腰围	16	17	18	19
④	前小裆宽	3.3	3.5	3.7	4
⑤	前裤口	14.5	15.5	16.5	17.5
⑥	门襟长	11	11	12	12
⑦	插袋宽	4	4.5	4.5	4.5
⑧	插袋长	11	11.5	12	12.5
⑨	后裤臀围/腰围	17	18	19	20
⑩	后裆宽	7.3	7.7	8.2	8.7
⑪	后裤口	19.5	20.5	21.5	22.5
⑫	后拼高（中）	4.5	4.5	5	5
⑬	后拼高（侧）	3	3	3.5	3.5
⑭	后袋位	1.5	1.5	2	2
⑮	后袋宽	9.5	9.5	10.5	10.5
⑯	后袋长	9	9	10	10
⑰	腰头长	66	70	74	78
⑱	腰头宽	3	3	3	3
⑲	腰松紧长（参考）	42	43	44	45

贴边短裤基础结构如图 3-2-14 所示。

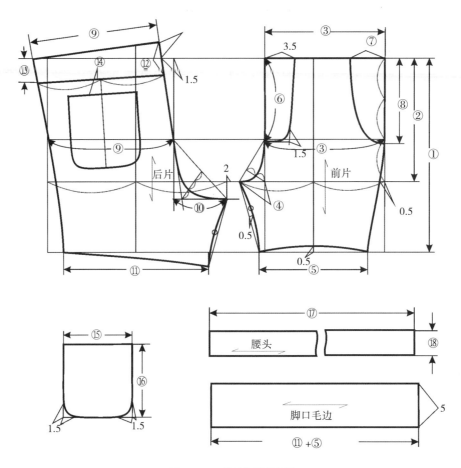

图3-2-14 贴边短裤结构图

八、花苞短裤

款式特征

这是一款松紧腰的花苞短裤，前插袋，假门襟，裤口装松紧带向里折起形成花苞状。款式活泼可爱，适合女小童夏季穿着，款式如图 3-2-15 所示。

图3-2-15 花苞短裤款式图

成品规格和主要部位尺寸见表3-2-15、表3-2-16。

表3-2-15 成品规格表   单位: cm

部 位	身 高			
	80	90	95	100
裤长 L	20.5	20.5	22	23.5
臀围 H	68	70	72	74
上裆(含腰) BR	19	19	19.5	20
裤口宽 SB	20.5	21	21.5	22

表3-2-16 主要部位尺寸表   单位: cm

序 号	部 位	身 高			
		80	90	95	100
①	裤片长	17.7	17.7	19.2	20.7
②	裤片直裆	16.2	16.2	16.7	17.2
③	前裤臀围/腰围	16.5	17	17.5	18
④	前裤脚口	18	18.5	19	19.5
⑤	下裆长	4	4	5	6
⑥	裤口折边高	2.5	2.5	2.5	2.5
⑦	门襟宽	3	3	3.5	3.5
⑧	门襟高	11	11	12	12
⑨	插袋宽	5	5	5	5
⑩	插袋高	8	8	8	8
⑪	后裤臀围/腰围	17.5	18	18.5	19
⑫	后裤口	23	23.5	24	24.5
⑬	腰头长	68	70	72	74
⑭	腰松紧长（参考）	40	41	42	43

花苞短裤基础结构及前后裤片展开如图 3-2-16 所示。

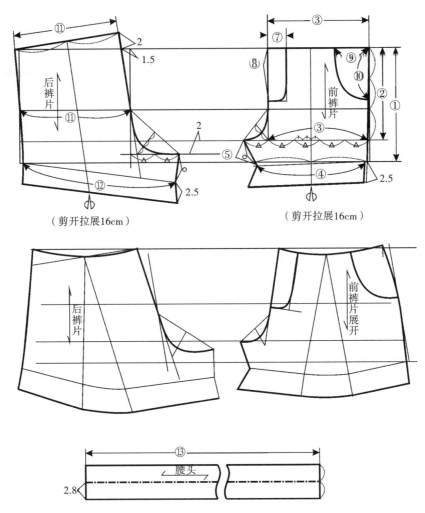

（剪开拉展16cm）　　　　　　　　（剪开拉展16cm）

图3-2-16　花苞短裤结构图及前后裤片展开图

图3-2-17　花边短裤款式图

九、花边短裤

款式特征

　　这是一款腰部松紧可调节的花边短裤，前裤片上拼缝处插袋，后裤片上拼缝下钉袋盖，假门襟，90cm 做成两用裆。脚口钉宽抽褶花边。侧缝脚口拼缝处钉蝴蝶结。款式时尚俏皮，适合女中童夏季穿着，款式如图 3-2-17 所示。

成品规格和主要部位尺寸见表3-2-17、表3-2-18。

表3-2-17 成品规格表 单位：cm

部 位	身 高			
	90	100	110	120
裤长 L	31	33	35.5	37.5
上裆（含腰）BR	17	18	19	20
臀围 H	64	68	72	76
裤口宽（内）SB	20	21	22	23

表3-2-18 主要部位尺寸表 单位：cm

序号	部 位	身 高			
		90	100	110	120
①	裤片长	21.5	23.5	25.5	27.5
②	裤片上裆	14	15	16	17
③	前裤臀围/腰围	15.5	16.5	17.5	18.5
④	前小裆宽	3.2	3.4	3.6	3.8
⑤	前裤脚口	17.5	18.5	19.5	20.5
⑥	门襟宽	3.5	3.5	3.5	3.5
⑦	前上拼（侧）	2.5	2.5	3	3
⑧	前上拼（中）	3.5	3.5	4	4
⑨	插袋宽	5.5	6	6	6.5
⑩	插袋长	8	8.5	9	9.5
⑪	门襟长	9	9	10	10
⑫	后裤臀围/腰围	16.5	17.5	18.5	19.5
⑬	后裆宽	7	7.5	8	8.5
⑭	后裤脚口	22.5	23.5	24.5	25.5
⑮	后袋间距	3.5	3.5	3.5	3.5
⑯	后上拼（中）	4.5	4.5	5	5
⑰	后上拼（侧）	2.5	2.5	3	3
⑱	后袋盖长	9	9	10	10
⑲	后袋盖宽	4.5	4.5	4.5	4.5
⑳	裤口花边长	64	67.2	70.4	73.6
㉑	裤口花边宽	6.5	6.5	7	7
㉒	腰头长	64	68	72	76
㉓	腰头宽	3	3	3	3
㉔	蝴蝶结长	9	9	10	10
㉕	蝴蝶结宽	5	5	5.5	5.5
㉖	腰松紧长（参考）	42	43	44	46

花边短裤基础结构如图 3-2-18 所示。

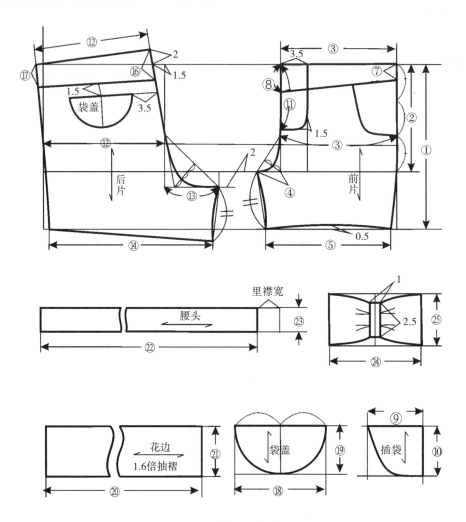

图3-2-18 花边短裤结构图

图3-2-19 立体袋短裤款式图

十、立体袋短裤

款式特征

这是一款腰部松紧可调节的短裤，身高95cm以上门襟装拉链，前裤片挺缝线处作裥，前插袋，侧缝处订立体袋后开袋，款式俏皮适合女中童夏季穿着，款式如图 3-2-19 所示。

成品规格和主要部位尺寸见表 3-2-19、表 3-2-20。

表3-2-19 成品规格表　　　　　　　　　　　　　　　　　　单位：cm

部 位	身 高					
	80	90	95	100	110	120
裤长L	28.5	30	31.5	32	35	38
直裆BR	17.5	18	18.5	18	19	20
臀围H	57	60	62	64	68	72
裤口宽SB	14.5	15	15.5	16	17	18

表3-2-20 主要部位尺寸表　　　　　　　　　　　　　　　　单位：cm

序号	部 位	身 高					
		80	90	95	100	110	120
①	裤片长	25.5	27	28.5	29	32	35
②	裤片直裆	14.5	15	15.5	15	16	17
③	前裤臀围/腰围	13.25	14	14.5	15	16	17
④	前小裆宽	2.9	3	3.1	3.2	3.4	3.6
⑤	前裤口	13	13.5	14	14.5	15.5	16.5
⑥	前裤裥量	2	2	2	2	2	2
⑦	门襟宽	2.5	2.5	2.5	2.5	2.5	2.5
⑧	门襟长	10.5	10.5	10.5	11.5	11.5	11.5
⑨	前插袋宽	4.5	5	5	5.5	5.5	6
⑩	前插袋长	7.5	8	8	8	8.5	9
⑪	侧袋位	11.5	12	12.5	13	14	15
⑫	侧袋总长	10	10.5	10.5	11	11	11.5
⑬	侧袋盖宽	3	3	3	3.5	3.5	3.5
⑭	侧袋盖长	9.5	10	10	10.5	10.5	11
⑮	侧袋长	9	9.5	9.5	10	10	10.5
⑯	侧袋宽	9	9.5	9.5	10	10	10.5
⑰	后裤臀围/腰围	15.25	16	16.5	17	18	19
⑱	后裆宽	6.3	6.6	6.8	7	7.5	7.9
⑲	后腰起翘	2.5	2.5	2.5	2.5	2.5	2.5
⑳	后裤口	16	16.5	17	17.5	18.5	19.5
㉑	后袋位①	3.5	4	4	4.5	5	5.5
㉒	后袋位②	3	3.5	3.5	3.5	3.5	3.5
㉓	后袋长	8.5	8.5	8.5	9.5	9.5	10.5
㉔	后袋宽	1.5	1.5	1.5	1.8	1.8	1.8

（续表）

序号	部 位	身 高					
		80	90	95	100	110	120
㉕	腰头长	57	60	62	64	08	72
㉖	腰头宽	3	3	3	3.5	3.5	3.5
㉗	前可调节腰	5	7	10.2	10.5	11.2	11.6
㉘	后可调节腰	7	7.2	7.7	8	8.7	9.1
㉙	腰松紧长（参考）	36	37	338	39	40	42

立体袋短裤基础结构及前片展开如图 3-2-20 所示。

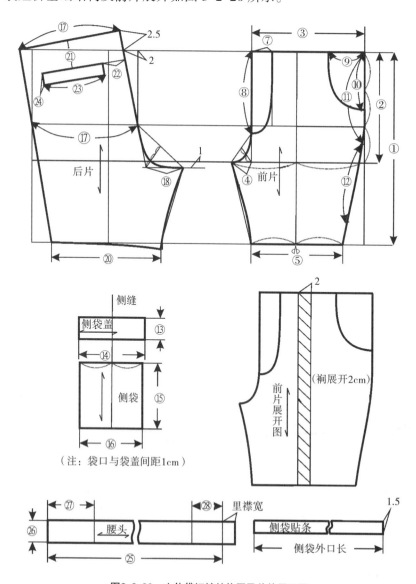

图3-2-20　立体袋短裤结构图及前片展开图

十一、灯笼短裤

款式特征

这是一款罗纹松紧腰的灯笼短裤，后贴袋，袋口脚口安装罗纹，脚口裤片抽褶。可用编织毛绒为面料，款式活泼可爱，适合女小童秋冬季穿着，款式如图3-2-2所示。

成品规格和主要部位尺寸见表3-2-21、表3-2-22。

图3-2-21 灯笼短裤款式图

表3-2-21 成品规格表　　单位：cm

部 位	身 高		
	70	80	90
裤长L	24	24.5	25
上裆（含腰）BR	19	19.5	20
臀围H	66	68	70
裤口宽SB	12	12.5	13

表3-2-22 主要部位尺寸表　　单位：cm

序号	部 位	身 高		
		70	80	90
①	裤片长	20.5	21	21.5
②	裤片直裆	15.5	16	16.5
③	前裤臀围/腰围	16	16.5	17
④	前裆宽	3.3	3.4	3.5
⑤	前裤脚口	17	17.5	18
⑥	前裤口抽褶量	5	5	5
⑦	后裤臀围/腰围	17	17.5	18
⑧	后裆宽	7.3	7.5	7.7
⑨	后裤脚口	18	18.5	19
⑩	后裤口抽褶量	6	6	6

（续表）

序号	部　位	身　高		
		70	80	90
⑪	后袋位a	7	7.5	8
⑫	后袋位b	5	5	5.5
⑬	后袋口宽	7	7	7
⑭	后袋口高	1.5	1.5	1.5
⑮	后袋高	8.5	8.5	8.5
⑯	后袋宽	8	8	8
⑰	罗纹腰长	40	41	42
⑱	腰头宽	3.5	3.5	3.5
⑲	脚口罗纹长	23	24	25
⑳	腰松紧长(参考)	41	42	43
㉑	松紧宽	1.5	1.5	1.5

灯笼短裤基础结构如图 3-2-22 所示。

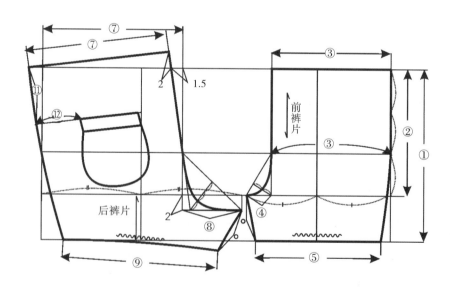

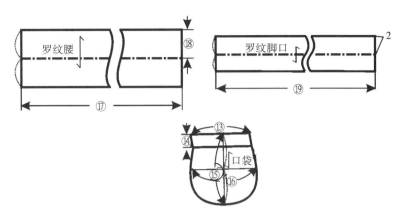

图3-2-22 灯笼短裤结构图

十二、花边插袋中裤

款式特征

这是一款可调节松紧腰头的中裤，门襟装拉链，前裤片左右各一个插袋，袋口钉花边。后裤片拼育克，且后中心线拼缝处钉蝴蝶结，脚口装克夫，克夫处裤片抽褶。面料为全棉牛津纺，款式淑女，适合女大童夏季穿着，款式如图 3-2-23 所示。

成品规格和主要部位尺寸见表 3-2-23、表 3-2-24。

图3-2-23 花边插袋中裤款式图

表3-2-23 成品规格表　　　　　　　　　单位：cm

部　位	身　　高		
	130	140	150
裤长 L	38	41	44
臀围 H	82	86	90
上裆（含腰）BR	21	22	23
裤口宽 SB	19	20	21

表3-2-24　主要部位尺寸表　　　　　　　单位：cm

序号	部　位	身　高		
		130	140	150
①	裤片长	31	34	37
②	裤片上裆	17.5	18.5	19.5
③	前裤臀围/腰围	19.5	20.5	21.5
④	前小裆宽	3.2	3.4	3.6
⑤	前裤口	17.5	18.5	19.5
⑥	裤口抽褶量	2	2	2
⑦	后裤臀围/腰围	21.5	22.5	23.5
⑧	后裆宽	8	8.5	9
⑨	后腰起翘	2	2	2
⑩	后裤脚口	21	22	23
⑪	后育克（中）	5.5	5.5	6
⑫	后育克（侧）	4	4	4.5
⑬	脚口克夫宽	3.5	3.5	3.5
⑭	前袋长	9	9.5	10
⑮	前袋宽	7.5	8	8.5
⑯	后袋间距	4.5	4.75	4.75
⑰	后袋长	11	12	12
⑱	后袋宽	11	12	12
⑲	门襟长	11	12	12
⑳	门襟宽	3.5	3.5	3.5
㉑	腰头长	82	86	90
㉒	蝴蝶结长	13	13	14
㉓	蝴蝶结宽	6	6	6.5
㉔	腰头松紧长（参考）	48	50	52

花边插袋中裤基础结构如图 3-2-24 所示。

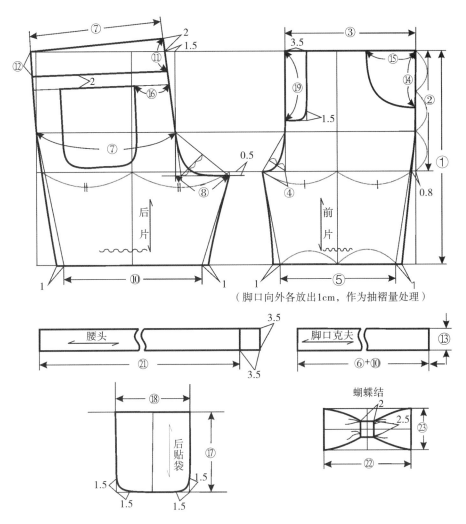

（脚口向外各放出1cm，作为抽褶量处理）

图3-2-24　花边插袋中裤结构图

十三、插袋翻边中裤

款式特征

这是一款前插袋翻边中裤，身高 95cm 及以下做两用裆，假门襟，腰部松紧可调节，前腰平，后腰装松紧，后裤片做贴袋，裤脚口做可外翻折边，款式如图 3-2-25 所示。

成品规格和主要部位尺寸见表 3-2-25、表 3-2-26。

图3-2-25　插袋翻边中裤款式图

表3-2-25　成品规格表　　　　　　　　　　　　单位：cm

部　位	身　高					
	80	90	95	100	110	120
裤长L	20.5	30	31	32	34	36
上裆（含腰）BR	17.5	18	18.5	18	19	20
臀围H	58	60	62	64	68	72
裤口宽SB	14.5	15	15.5	16	17	18
腰头宽	3	3	3	3.5	3.5	3.5

表3-2-26　主要部位尺寸表　　　　　　　　　　　单位：cm

序号	部　位	身　高					
		80	90	95	100	110	120
①	裤片长	25.5	27	28	28.5	30.5	32.5
②	裤片直裆	14.5	15	15.5	14.5	15.5	16.5
③	裤片臀围/腰围	14	14.5	15	15.5	16.5	17.5
④	前小裆宽	2.9	3	3.1	3.2	3.4	3.6
⑤	前裤口	13.5	14	14.5	15	16	17
⑥	门襟宽	2.5	2.5	2.5	3	3.5	3.5
⑦	门（里）襟长	10.5	10.5	10.5	11	11	11
⑧	前袋宽	4.5	5	5	5.5	5.5	6
⑨	前袋长	7.5	8	8	8	8.5	9
⑩	后裤臀围/腰围	15	15.5	16	16.5	17.5	18.5
⑪	后裆宽	6.3	6.6	6.8	7.0	7.5	8
⑫	后裤口	15.5	16	16.5	17	18	19
⑬	困势	1.5	1.5	1.5	1.6	1.6	2
⑭	后腰起翘	2.3	2.3	2.3	2.5	2.5	2.5
⑮	后带位1	3.1	3.5	3.9	3.5	4	4
⑯	后带位2	4	4.5	4.5	4	4.5	4.5
⑰	后袋宽	8.5	8.5	8.5	9.5	9.5	10.5
⑱	后袋长	9	9	9	10	10	11
⑲	裤口折边宽	3	3	3	3.5	3.5	3.5
⑳	腰头宽	3	3	3	3.5	3.5	3.5
㉑	腰头长	58	60	62	64	68	72
㉒	后腰松紧长（参考）	22.5	23	23.5	24	24.5	25.5

插袋翻边中裤基础结构如图 3-2-26 所示。

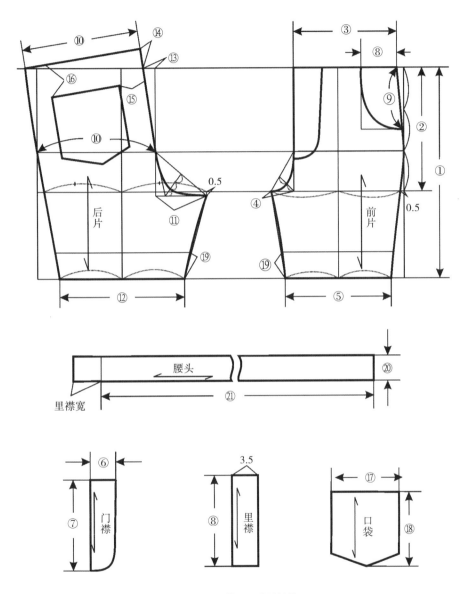

图3-2-26　插袋翻边中裤结构图

图3-2-27　针织中裤款式图

十四、针织中裤

款式特征

这是一款前片左右各有一个插袋的针织中裤，假门襟，腰头装松紧，后右裤片贴袋。款式简洁，适合中小童穿着，款式如图3-2-27所示。

成品规格及主要部位尺寸见表3-2-27、表3-2-28。

表3-2-27　成品规格表　　　单位：cm

部　位	身　高						
	80	90	95	100	110	120	130
裤长L	29.5	31	32.5	33	35	38	41
上裆（含腰）BR	18.5	19	19.5	19	20	21	22
臀围H	53	55	57	59	63	67	71
裤口宽SB	13	13.5	14	14.5	15.5	16.5	17.5
腰头宽	3	3	3	3	3	3	3

表3-2-28　主要部位尺寸表　　　单位：cm

序号	部　位	身　高						
		80	90	95	100	110	120	130
①	裤片长	26.5	28	29.5	30	32	35	38
②	裤片直裆	15.5	16	16.5	16	17	18	19
③	裤臀围/腰围	13.25	13.75	14.25	14.75	15.75	16.75	17.75
④	前小裆宽	2.7	2.8	2.9	3.0	3.2	3.4	3.6
⑤	前裤口	12	12.5	13	13.5	14.5	15.5	16.5
⑥	前袋宽	6	6	6	6.5	6.5	7	7
⑦	前袋长	6	6	6	6.5	6.5	7	7
⑧	后裆宽	5.9	6.1	6.3	6.5	6.9	7.4	7.9

（续表）

序号	部 位	身 高						
		80	90	95	100	110	120	130
⑨	后裤口	14	14.5	15	15.5	16.5	17.5	18.5
⑩	后袋位○1	3.2	3.5	3.7	3.7	4	4	4.3
⑪	后袋位○2	4	4.5	4.5	4.5	5	5	5
⑫	后袋位○3	4	4.5	4.5	4.5	5	5	5
⑬	后袋宽	7.5	7.5	7.5	8	8	8	8
⑭	后袋长	8	8	8	9	9	9.5	9.5
⑮	腰头长	53	55	57	59	63	67	71
⑯	腰头宽	3	3	3	3	3	3	3
⑰	腰松紧毛长	41	42	43	44	46	48	50

针织长裤基础结构如图 3-2-28 所示。

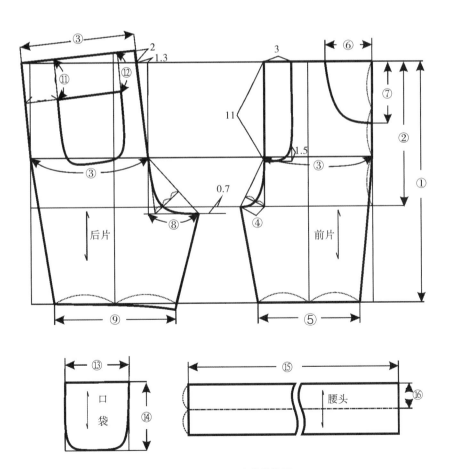

图3-2-28 针织中裤结构图

十五、育克六分裤

款式特征

这是一款前裤片左右插袋的六分裤，插袋之间上下裤片肓克拼缝，拼缝处打裥，前后裤口抽褶。后裤上部育克拼缝，拼缝处装袋盖，腰头装松紧，裤口装克夫，裤口侧缝开衩处钉绑带系蝴蝶结。款式典雅，适合女中童夏季穿着，款式如图3-2-29所示。

成品规格及主要部位尺寸见表3-2-29、表3-2-30。

图3-2-29　育克六分裤款式图

表3-2-29　成品规格表　　　　单位：cm

部　位	身　高			
	90	100	110	120
裤长 L	33	36	39	42
上裆（含腰）BR	17	18	19	20
臀围 H	68	72	76	80
裤口宽 SB	16	17	18	19
腰头宽	3	3	3.5	3.5

表3-2-30　主要部位尺寸表　　　　单位：cm

序号	部　位	身　高			
		90	100	110	120
①	裤片长	27	30	33	36
②	裤片上裆	14	15	16	17
③	前裤臀围/腰围	16.5	17.5	18.5	19.5
④	前小裆宽	3.4	3.6	3.8	4
⑤	前裤口	15	16	17	18
⑥	插袋长	9	9.5	10	10.5
⑦	插袋宽	5.5	5.5	6	6
⑧	前拼高（侧）	3	3	3.5	3.5
⑨	前拼高（中）	4.5	4.5	5	5

（续表）

序号	部　　位	身　　高			
		90	100	110	120
⑩	后裤臀围/腰围	17.5	18.5	19.5	20.5
⑪	后裆宽	7.5	7.9	8.4	8.8
⑫	后裤脚口	17	18	19	20
⑬	后拼高（中）	4.5	4.5	5	5
⑭	后拼高（侧）	3	3	3.5	3.5
⑮	后带盖长	9	9.5	9.5	10
⑯	后带盖高	4.5	4.5	4.5	5
⑰	侧开衩长	5	5	6	6
⑱	腰头长	68	72	76	80
⑲	腰头宽	3	3	3	3
⑳	克夫长	32	34	36	38
㉑	克夫宽	3	3	3	3
㉒	腰松紧长（参考）	42	43	44	45

育克六分裤基础结构如图 3-2-30 所示。

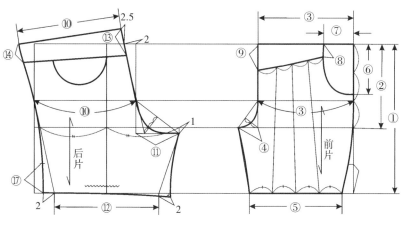

（备注：后裤腿增加4cm作为抽褶量）

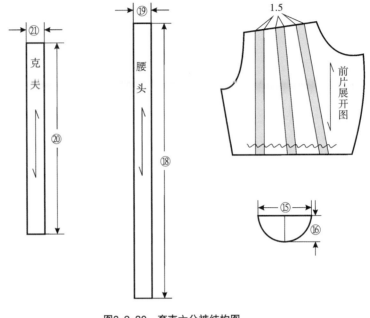

图3-2-30　育克六分裤结构图

十六、立体袋针织六分裤

款式特征

这是一款直插袋六分裤，身高95cm及以下做两用裆，后裤立体袋并附带盖，弹力罗纹为面料，适合小中童穿着，款式如图3-2-31所示。

成品规格及主要部位尺寸见表3-2-31、表3-2-32。

图3-2-31　立体袋针织六分裤款式图

表3-2-31　成品规格表　　　　单位：cm

部　位	身　高						
	80	90	95	100	110	120	130
裤长 L	29	34.5	37	41.5	45.5	50.5	54.5
上裆（含裆）BR	17	17.5	18	19	20	21	22
臀围 H	44	48	50	53	55	58	62
裤口宽 SB	20	22	23	25	27	29	31
腰头宽	4	4	4	4	4	4	4

表3-2-32 主要部位尺寸表 单位：cm

序号	部 位	身 高						
		80	90	95	100	110	120	130
①	裤片长	25	30.5	33	37.5	41.5	46.5	50.5
②	裤片直裆	13	13.5	14	15	16	17	18
③	前裤臀围/腰围	10.25	11.25	11.75	12.5	13	13.75	14.75
④	前小裆宽	2.2	2.4	2.5	2.65	2.75	2.9	3.1
⑤	前裤口	8.5	9.5	10	11	12	13	14
⑥	前袋位	4	4	4	4.5	4.5	5	5
⑦	前袋长	8	8	8	9	9	10	10
⑧	后裤臀围/腰围	11.75	12.75	13.25	14	14.5	15.25	16.25
⑨	后裆宽	5.5	6	6.25	6.63	6.88	7.25	7.25
⑩	后裤口	11.5	12.5	13	14	15	16	17
⑪	困 势	1.1	1.1	1.1	1.2	1.2	1.2	1.2
⑫	后腰起翘	2.2	2.2	2.2	2.4	2.4	2.5	2.5
⑬	后袋位a	1.5	2	2.3	2.3	2.5	2.5	2.8
⑭	后袋位b	4.5	4.5	4.5	5	5	5.5	5.5
⑮	后袋位c	4	4	4	4.5	4.5	5	5
⑯	后袋宽	9	9	9	10	10	11	11
⑰	后袋长	10	10	10	11	11	12	12
⑱	袋盖宽	9.5	9.5	9.5	10.5	10.5	11.5	11.5
⑲	袋盖高	4.5	4.5	4.5	5	5	5.5	5.5
⑳	腰头长	44	48	50	53	55	58	62
㉑	腰头宽	4	4	4	4	4	4	4
㉒	腰松紧长（参考）	41	42	43	44	46	48	50

立体袋针织六分裤基础结构如图 3-2-32 所示。

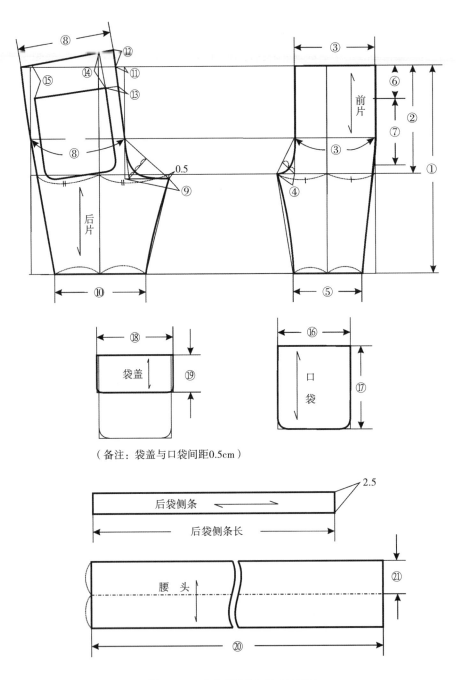

（备注：袋盖与口袋间距0.5cm）

图3-2-32 立体袋针织六分裤结构图

十七、短育克六分裤

款式特征

这是一款罗纹松紧腰的短育克六分裤，假门襟。身高90cm的做两用裆，前裤片做弧形假插袋，后右裤片做斜插袋。面料为全棉斜纹布，适合男中童夏季穿着，款式如图3-2-33所示。

成品规格及主要部位尺寸见表3-2-33、表3-2-34。

图3-2-33 短育克六分裤款式图

表3-2-33 成品规格表 单位：cm

部 位	身 高				
	90	100	110	120	130
裤长 L	33	37	41	45	49
上裆（含腰）BR	23	24	25	26.5	28
臀围 H	66	70	74	78	82
裤口宽 SB	18	19	20	21	22
腰头宽	3.5	3.5	3.5	3.5	3.5

表3-2-34 主要部位尺寸表 单位：cm

序号	部 位	身 高				
		90	100	110	120	130
①	裤片长	29.5	33.5	37.5	41.5	45.5
②	裤片上裆	19.5	20.5	21.5	23	24.5
③	前裤臀围/腰围	16	17	18	19	20
④	前裆宽	3.3	3.5	3.7	3.9	4.1
⑤	前脚口	17	18	19	20	21
⑥	门襟宽	3.5	3.5	3.5	3.5	3.5
⑦	门襟长	11	11	12	12	13
⑧	前袋位	6.5	6.5	7.5	7.5	8
⑨	后裤臀围/腰围	17	18	19	20	21
⑩	后裆宽	7.3	7.7	8.1	8.6	9
⑪	后裤口	19	20	21	22	23

（续表）

序号	部　位	身　高				
		90	100	110	120	130
⑫	后上拼（中）	5	5	5.5	5.5	6
⑬	后上拼（侧）	3	3	3.5	3.5	4
⑭	后袋位①	10	10	10.5	10.5	10.5
⑮	后袋位②	2	2	2.5	2.5	2.5
⑯	后袋位③	1	1	1.5	1.5	1.5
⑰	后袋宽	9	9	9.5	9.5	9.5
⑱	后袋长	8	8	8.5	8.5	8.5
⑲	罗纹腰头长	46	48	50	52	56
⑳	腰头宽	3.5	3.5	3.5	3.5	3.5
㉑	腰头松紧长（参考）	42	43	44	46	48

短育克六分裤基础结构如图 3-2-34 所示。

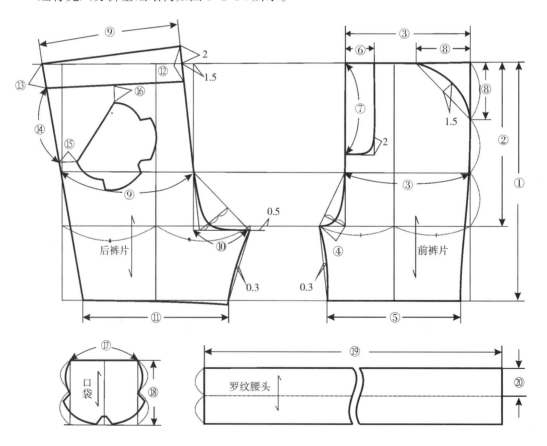

图3-2-34　短育克六分裤结构图

十八、侧袋七分裤

款式特征

这是一款罗纹松紧腰七分裤，腰头装 2cm 宽的松紧，侧缝处钉立体贴袋，并附袋盖，裤口装 1.5cm 宽松紧。款式简洁活泼，适合小童夏季穿着，款式如图 3-2-35 所示。

成品规格及主要部位尺寸见表 3-2-35、表 3-2-36。

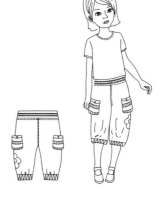

图3-2-35 侧袋七分裤款式图

表3-2-35 成品规格表　　单位：cm

部　位	身　　高			
	70	80	90	95
裤长 L	33.5	36	38.5	41
臀围 H	58	60	62	64
直裆 BR	15. 5	16	16.5	17
裤口宽（松紧前）SB	25	26	27	28

表3-2-36 主要部位尺寸表　　单位：cm

序号	部　位	身　　高			
		70	80	90	95
①	裤片长	30	32.5	35	37.5
②	裤片直裆	12	12.5	13	13.5
③	前裤臀围/腰围	14	14.5	15	15.5
④	前裤小裆	2.9	3	3.1	3.2
⑤	前裤脚口	24	25	26	27
⑥	后裤臀围/腰围	15	15.5	16	16.5
⑦	后裤小裆	6.4	6.6	6.8	7.0
⑧	后裤口	26	27	28	29
⑨	起　翘	2	2.1	2.2	2.3
⑩	袋　位	11	11.5	12	12.5
⑪	袋盖宽	8.5	8.5	9	9
⑫	口袋宽	8	8	8	8
⑬	口袋高	11	11	12	12
⑭	腰头长	48	50	52	54
⑮	腰松紧长（参考）	40	41	42	43
⑯	裤口松紧长（参考）	17	18	19	20

侧袋七分裤基础结构如图 3-2-36 所示。

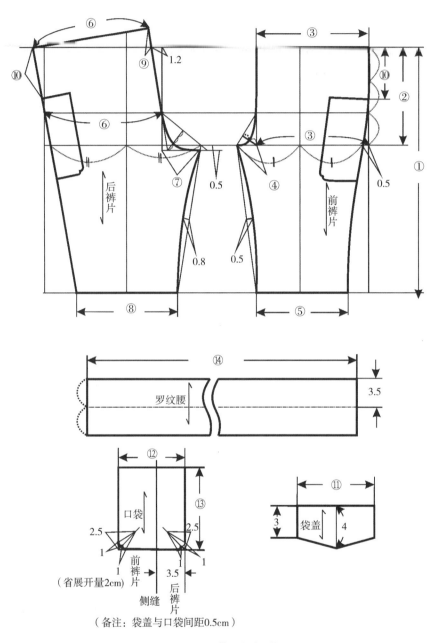

图3-2-36 侧袋七分裤结构图

十九、前拼缝七分裤

款式特征

这是一款前裤片拼缝处缉袋的七分裤,身高在110~120cm 腰头全装松紧,身高 130~160cm 做可调节腰。门襟装拉链,后裤片左右贴袋。面料为全棉平纹布,适合男中、大童夏季穿着,款式如图 3-2-27 所示。

成品规格及主要部位尺寸见表 3-2-37、表3-2-38。

图3-2-37　前拼缝七分裤款式图

表3-2-37　成品规格表
单位: cm

部　位	身　高				
	110	120	130	140	150
裤长L	46	50	54	58	62
上裆(含腰)BR	25	26	27	28	29
臀围H	72	76	80	84	88
裤口宽SB	19	20	21	22	23
腰头宽	3.5	3.5	3.5	3.5	3.5

表3-2-38　主要部位尺寸表
单位: cm

序号	部　位	身　高				
		110	120	130	140	150
①	裤片长	42.5	46.5	50.5	54.5	58.5
②	裤片上裆	21.5	22.5	23.5	24.5	25.5
③	前裤臀围/腰围	17	18	19	20	21
④	前裆宽	3.6	3.8	4	4.3	4.55
⑤	前裤口	18	19	20	21	22
⑥	前拼高(侧)	5	5	5.5	5.5	6
⑦	前拼高(中)	3.5	3.5	4	4	4.5

（续表）

序号	部 位	身 高				
		110	120	130	140	150
⑧	门襟长	11	11	12	12	13
⑨	门襟宽	3.5	3.5	3.5	3.5	3.5
⑩	前袋长	12	12	13	13	14
⑪	前袋宽	9	9	10	10	11
⑫	后裤臀围/腰围	19	20	21	22	23
⑬	后裆宽	8	8.5	8.9	9.5	10
⑭	后袋位a	5	5	5.5	5.5	6
⑮	后袋位b	4	4	4.5	4.5	5
⑯	后袋宽	11	11	12	12	13
⑰	后袋长	10	10	11	11	12
⑱	腰头长	72	76	80	84	88
⑲	调节腰前平长	0	0	16	17	18
⑳	里襟宽	0	0	3.5	3.5	3.5
㉑	腰头宽	3.5	3.5	3.5	3.5	3.5
㉒	腰松紧长（参考）	46	47	40	41	42

前拼缝七分裤基础结构如图 3-2-38 所示。

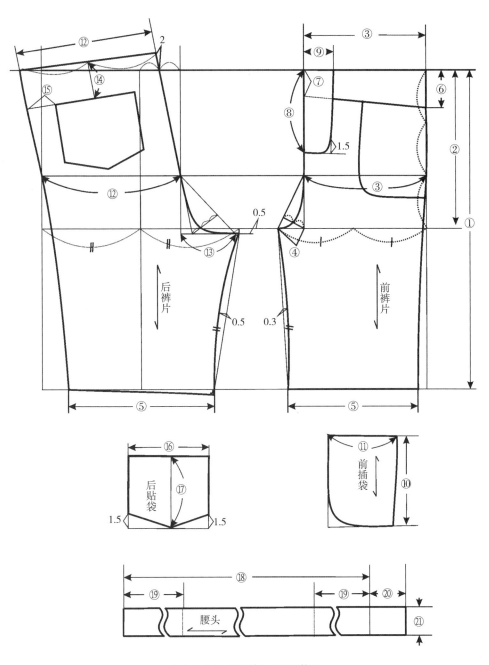

图3-2-38　前拼缝七分裤结构图

二十、八分裤

图3-2-39 八分裤款式图

款式特征

这是一款裤长及脚踝上10cm左右的八分裤，前片腰部左右各一个贴袋，后右裤片有后贴袋，罗纹松紧腰，假门襟,身高95cm及以下做两用裆,裤脚口贴边可向外翻折。款式如图3-2-39所示。

成品规格及主要部位尺寸见表3-2-39、表3-2-40。

表3-2-39 成品规格表 单位：cm

部　位	身　高						
	80	90	95	100	110	120	130
裤长 L	38	40.5	42.5	44	48	52	56
臀围 H	58	60	62	64	68	72	76
上裆（含腰）BR	18.5	19.5	20	19	20	21	22
裤口宽 SB	13	13.5	14	14.5	15.5	16.5	17.5
腰头宽	3	3	3	3.5	3.5	3.5	3.5

表3-2-40 主要部位尺寸表 单位：cm

序号	部　位	身　高						
		80	90	95	100	110	120	130
①	裤片长	35	37.5	39.5	40.5	44.5	48.5	52.5
②	裤片直裆	15.5	16.5	17	15.5	16.5	17.5	18.5
③	前裤臀围/腰围	14	14.5	15	15.5	16.5	17.5	18.5
④	前裤片脚口	12	12.5	13	13.5	14.5	15.5	16.5
⑤	前袋口长	5.5	5.5	5.5	6	6	6.5	6.5
⑥	前袋口宽	7	7	7	7.5	7.5	8	8
⑦	前袋长	14	14	14	15	15	16	16
⑧	前袋宽	9	9	9	10	10	11	11
⑨	后裤臀围/腰围	15	15.5	16	16.5	17.5	18.5	19.5
⑩	后裤片脚口	14	14.5	15	15.5	16.5	17.5	18.5

（续表）

序号	部　位	身　高						
		80	90	95	100	110	120	130
⑪	后袋宽	10	10	10	11	11	12	12
⑫	后袋长	10	10	10	11	11	12	12
⑬	腰头宽	3	3	3	3.5	3.5	3.5	3.5
⑭	腰头长	46	48	50	52	56	60	64
⑮	门襟长	10	10	10	10	10	10.5	11
⑯	袋位a	4.3	4.7	4.7	4.7	4.7	5.2	5.2
⑰	袋位b	4	4.4	4.4	4.4	4.4	4.9	4.9
⑱	袋位c	2.5	2.8	2.8	3.3	3.3.	3.5	3.5
⑲	腰松紧长（参考）	41	42	43	44	46	48	50

八分裤基础结构如图 3-2-40 所示。

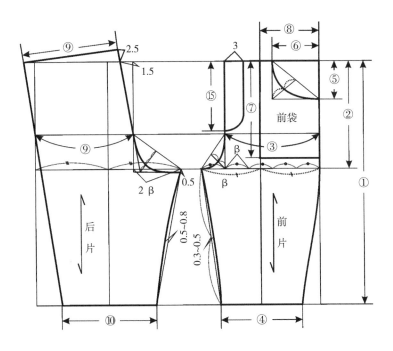

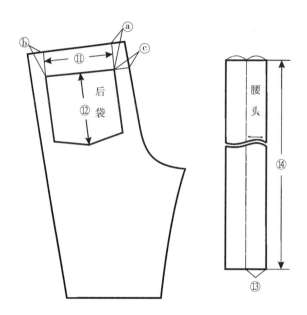

图3-2-40　八分裤结构图

二十一、插袋长裤

款式特征

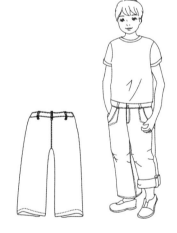

图3-2-41　插袋长裤款式图

这是一款腰头装松紧的插袋长裤，前拉链袋口，前片膝盖处做裥，裤口外侧钉襻，用于调节裤长。面料为全棉平纹布，适合男大童穿着，款式如图3-2-41所示。

成品规格及主要部位尺寸见表3-2-41、表3-2-42。

表3-2-41　成品规格表　　　单位：cm

部　位	身　高			
	120	130	140	150
裤长L	72	79	86	93
上裆（含腰）BR	26	27	28	29
臀围H	78	82	86	90
裤口宽SB	19	20	21	22
腰头宽	3.5	3.5	3.5	3.5

表3-2-42 主要部位尺寸表

单位：cm

序号	部 位	身 高			
		120	130	140	150
①	裤片长	68.5	75.5	82.5	89.5
②	裤片直裆	22.5	23.5	24.5	25.5
③	前裤臀围/腰围	18.5	19.5	20.5	21.5
④	前小裆宽	3.9	4.1	4.3	4.5
⑤	前裤口	18	19	20	21
⑥	门襟宽	3.5	3.5	3.5	3.5
⑦	门襟长	12	12	13	13
⑧	前袋宽	6.5	6.5	7	7
⑨	前袋长	10	10	11	11
⑩	裤口襻高	5	5	6	6
⑪	后裤臀围/腰围	20.5	21.5	22.5	23.5
⑫	后裆宽	8.6	9.0	9.5	10.0
⑬	后裤口	20	21	22	23
⑭	腰头长	78	82	86	90
⑮	腰头宽	3.5	3.5	3.5	3.5
⑯	腰松紧长（参考）	46	48	50	52

插袋长裤基础结构如图 3-2-42 所示。

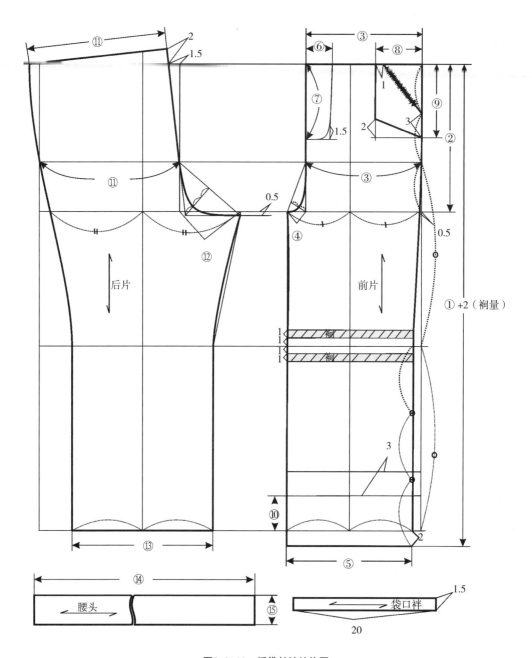

图3-2-42　插袋长裤结构图

二十二、翻边长裤

款式特征

这是一款腰部可调节的翻边长裤，腰头部分装松紧，门襟装拉链，后下拼拼缝处钉袋盖。小脚口，且做翻边处理。面料为全棉斜纹，款式简洁大方，适合女大童春夏季穿着，款式如图3-2-43所示。

成品规格及主要部位尺寸见表3-2-43、表3-2-44。

图3-2-43　翻边长裤款式图

表3-2-43　成品规格表　　单位：cm

部　位	身　高		
	130	140	150
裤长L	79	86	92
上裆（含腰）BR	21	22	23
臀围H	80	84	88
裤口宽SB	15.5	16	17
腰头宽	3.5	3.5	3.5

表3-2-44　主要部位尺寸表　　单位：cm

序号	部　位	身　高		
		130	140	150
①	裤片长	75.5	82.5	88.5
②	裤片直裆	17.5	18.5	19.5
③	前裤臀围/腰围	19	20	21
④	前裆宽	4	4.2	4.4
⑤	前裤口	14.5	15	16
⑥	前中裆宽	15.5	16	17

（续表）

序号	部　位	身　高		
		130	140	150
⑦	门襟宽	3.5	3.5	3.5
⑧	门襟长	12	13	13
⑨	后裤臀围/腰围	21	22	23
⑩	后裆宽	8.8	9.24	9.68
⑪	后裤口	16.5	17	18
⑫	后中裆宽	17.5	18	19
⑬	后下拼（中）	5.5	5.5	6
⑭	后下拼（侧）	3.5	3.5	4
⑮	后袋盖间距	3.25	3.5	3.75
⑯	后袋盖长	11.5	12.5	12.5
⑰	后袋盖宽	4.5	4.5	4.5
⑱	脚口翻边高	3.5	3.5	3.5
⑲	腰头长	80	84	88
⑳	腰头宽	3.5	3.5	3.5
㉑	腰松紧长（参考）	46	48	50

翻边长裤基础结构如图 3-2-44 所示。

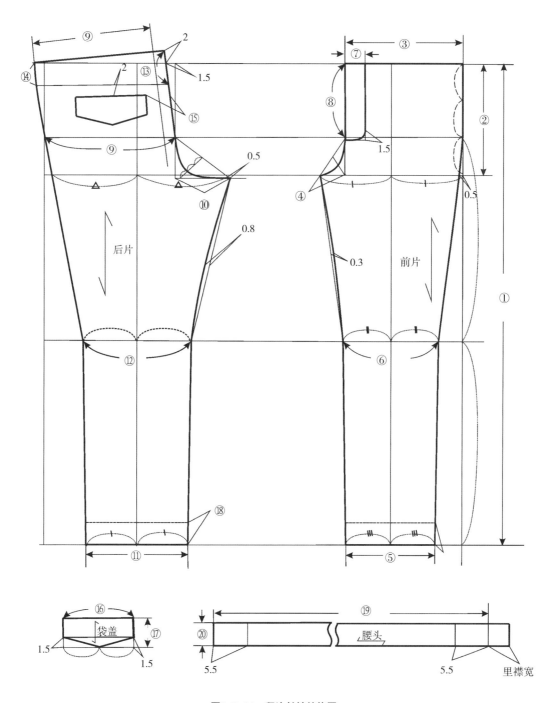

图3-2-44 翻边长裤结构图

二十三、针织长裤

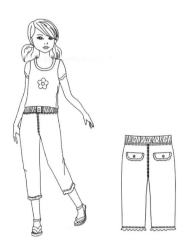

图3-2-45 针织长裤款式图

款式特征

这是一款后裤片钉袋盖的针织长裤，两用裆，罗纹腰，袋口及脚口饰花边，适合女中童穿着，款式如图3-2-45所示。

成品规格及主要部位尺寸见表3-2-45、表3-2-46。

表3-2-45　成品规格表　　　单位：cm

部　位	身　高		
	80	90	95
裤长L	43	45	47.5
上裆（含腰）BR	19	19	19.5
臀围H	55	57	59
裤口宽SB	12	12.5	13
腰头宽	3.5	3.5	3.5

表3-2-46　主要部位尺寸表　　　单位：cm

序号	部　位	身　高		
		80	90	95
①	裤片长	39.5	41.5	44
②	裤片上裆	15.5	15.5	16
③	前裤片臀围/腰围	13.25	13.75	14.25
④	前裤片脚口	11.5	12	12.5
⑤	后裤片臀围/腰围	14.25	14.75	15.25
⑥	后裤片脚口	12.5	13	13.5
⑦	袋位1	2.3	2.5	3
⑧	袋位2	5.5	5.8	6
⑨	袋盖长	8.6	8.6	8.6

（续表）

序号	部 位	身　高		
		80	90	95
⑩	袋盖宽	3.8	3.8	3.8
⑪	腰头长	44	46	48
⑫	腰头宽	3.5	3.5	3.5
⑬	腰松紧长（参考）	40	42	44

针织长裤基础结构如图 3-2-46 所示。

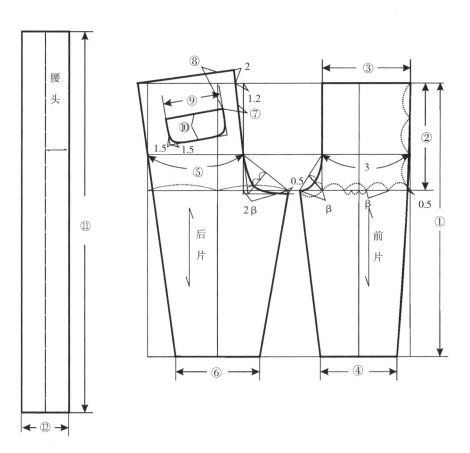

图3-2-46　针织长裤结构图

二十四、收裥长裤

图3-2-47 收裥长裤款式图

款式特征

这是一款罗纹松紧腰的收裥长裤，前后左右裤片上口各收 2 个裥，并统一往侧缝倒。后贴袋，前后裤片有拼缝。面料为保暖绒，穿着舒适，适合小、中童秋冬季节穿着，款式如图 3-2-47 所示。

成品规格及主要部位尺寸见表 3-2-47、表 3-2-48。

表3-2-47 成品规格表 单位：cm

部 位	身 高							
	70	80	90	95	100	110	120	130
裤长L	41	44.5	48	51.5	56.5	62.5	68.5	74.5
上裆（含腰）BR	21	21.5	22	22.5	22.5	23.5	24.5	25.5
臀围H	70	72	74	76	78	82	86	90
脚口宽SB	9	9.5	10	10.5	11	12	13	14
腰头宽	3	3	3	3	3.5	3.5	3.5	3.5

表3-2-48 主要部位尺寸表 单位：cm

序号	部 位	身 高							
		70	80	90	95	100	110	120	130
①	裤片长	38	41.5	45	48.5	53.5	59.5	65.5	71.5
②	裤片直裆	18	18.5	19	19.5	19	20	21	22
③	臀围位置	11	11	11	11	11.5	11.5	12	12
④	裤片臀围/腰围	17.5	18	18.5	19	19.5	20.5	21.5	22.5
⑤	腰头单个裥量	2.5	2.5	2.5	2.5	2.5	2.5	2.5	2.5
⑥	裤脚口	9	9.5	10	10.5	11	12	13	14
⑦	前拼缝高	11.5	13	14.5	16	18.5	20	22.5	25
⑧	后袋位	8	8	8	8	9	9	10	10
⑨	后袋宽	12.5	13	13.5	13.5	14.5	14.5	15.5	15.5
⑩	后袋长	12.5	13	13.5	13.5	14.5	14.5	15.5	15.5

（续表）

序号	部　位	身　高							
		70	80	90	95	100	110	120	130
⑪	后拼缝高	16.5	18	19.5	21	23.5	26	28.5	31
⑫	腰头宽	3	3	3	3	3.5	3.5	3.5	3.5
⑬	罗纹腰长	43	44	45	46	48	50	52	54
⑭	腰松紧长（参考）	40	41	42	43	44	46	48	50

收裆长裤基础结构如图 3-2-48 所示。

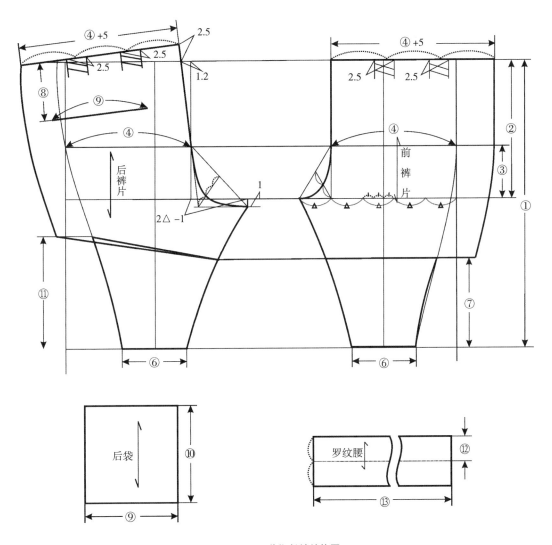

图3-2-48　收裆长裤结构图

二十五、侧贴袋长裤

款式特征

这是一款罗纹松紧腰的侧贴袋长裤，前挖袋，侧缝处贴袋。提花人字布为面料，款式俏皮，适合女小、中童春秋季穿着，款式如图3-2-49所示。

成品规格及主要部位尺寸见表3-2-49、表3-2-50。

图3-2-49 侧贴袋长裤款式图

表3-2-49 成品规格表　　单位：cm

部　位	身　高							
	70	80	90	95	100	110	120	130
裤长L	42	45.5	49	52.5	57.5	63.5	69.5	75.5
上裆含腰	17	17.5	18	18.5	18.5	19.5	20.5	21.5
臀围H	52	54	56	58	60	64	68	72
裤口宽SB	11.5	12	12.5	13	13.5	14.5	15.5	16.5

表3-2-50 主要部位尺寸表　　单位：cm

序号	部　位	身　高							
		70	80	90	95	100	110	120	130
①	裤片长	39	42.5	46	49.5	54.5	60.5	66.5	72.5
②	裤片直裆	14	14.5	15	15.5	15.5	16.5	17.5	18.5
③	前裤臀围/腰围	12.5	13	13.5	14	14.5	15.5	16.5	17.5
④	前小裆	2.6	2.7	2.8	2.9	3	3.2	3.4	3.6
⑤	前裤脚口	11	11.5	12	12.5	13	14	15	16
⑥	前插袋宽	7	7	7	7	7.5	7.5	8	8
⑦	前插袋长	6	6	6	6	6.5	6.5	7	7
⑧	侧袋位	14	14.5	15	15.5	15.5	16	17	18
⑨	膝　高	11	12	13	14	15	17	19	21
⑩	前膝宽	12.5	13	13.5	14	14.5	15.5	16.5	17.5
⑪	后裤臀围/腰围	13.5	14	14.5	15	15.5	16.5	17.5	18.5
⑫	后裆宽	5.7	5.9	6.2	6.4	6.6	7.0	7.5	7.9

（续表）

序号	部 位	身 高							
		70	80	90	95	100	110	120	130
⑬	后裤脚口	12	12.5	13	13.5	14	14.5	15.5	16.5
⑭	后膝宽	13.5	14	14.5	15	15.5	16.5	17.5	18.5
⑮	侧贴袋宽	9.5	9.5	9.5	9.5	10	10	10	10
⑯	侧贴袋长	10	10	10	10	10.5	10.5	11	11
⑰	袋盖侧高	3.2	3.2	3.2	3.2	3.45	3.45	3.7	3.7
⑱	袋盖中心高	4.2	4.2	4.2	4.2	4.5	4.5	4.7	4.7
⑲	罗纹腰长	40	41	42	43	44	46	48	50
⑳	腰头宽	3	3	3	3	3.5	3.5	3.5	3.5
㉑	腰松紧长（参考）	40	41	42	43	44	46	48	50

侧贴袋基础结构如图 3-2-50 所示。

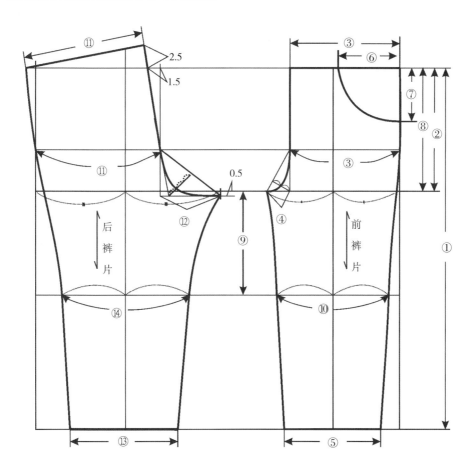

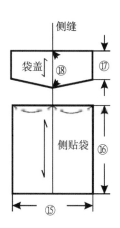

图3-2-50 侧贴袋长裤结构图

二十六、保暖长裤

款式特征

这是一款连腰、腰头处装松紧的保暖长裤。面料为保暖绒，款式简洁穿着舒适保暖，适合小、中童秋冬季穿着，款式如图 3-2-51 所示。

成品规格及主要部位尺寸见表 3-2-51、表 3-2-52。

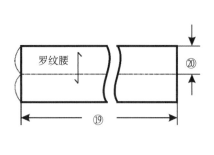

图3-2-51 保暖长裤款式图

表3-2-51 成品规格表　　　　单位：cm

部　位	身　高					
	80	90	100	110	120	130
裤长L	43.5	46.5	52.5	58	64	70
上裆（含腰）BR	16	16.5	17.5	18	19	20
臀围H	50	52	56	60	64	68
裤口宽SB	10.5	11	11.5	12	12	12.5

表3-2-52 主要部位尺寸表　　　　单位：cm

序号	部　位	身　高					
		80	90	100	110	120	130
①	裤　长	43.5	46.5	52.5	58	64	70
②	裤片上裆（连腰）	16	16.5	17.5	18	19	20
③	腰头宽	2.5	2.5	2.5	2.5	2.5	2.5
④	前裤臀围/腰围	12	12.5	13.5	14.5	15.5	16.5

（续表）

序号	部 位	身 高					
		80	90	100	110	120	130
⑤	前横裆	15.5	16	17	18	19	20
⑥	前裤口	10	10.5	11	11.5	11.5	12
⑦	腰头贴边宽	3	3	3	3	3	3
⑧	后裤臀围/腰围	13	13.5	14.5	15.5	16.5	17.5
⑨	后裤口	11	11.5	12	12.5	12.5	13
⑩	腰松紧长（参考）	42	43	44	46	48	50
⑪	腰松紧宽	2	2	2	2	2	2

保暖长裤基础结构如图 3-2-52 所示。

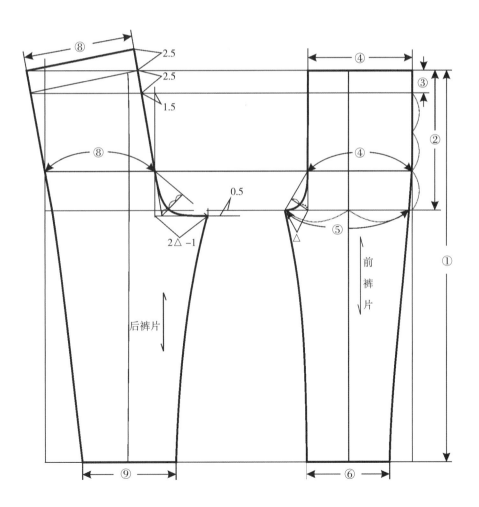

图3-2-52 保暖长裤结构图

图3-2-53　贴袋针织长裤款式图

二十七、贴袋针织长裤

款式特征

这是一款腰头拼缝的贴袋针织长裤，腰头处装松紧，后贴袋。可用棉毛布为面料，款式适体，穿着舒适，适合中童春秋季穿着，款式如图3-2-53所示。

成品规格及主要部位尺寸见表3-2-53、表3-2-54。

表3-2-53　成品规格表　　　　单位：cm

部　位	身　高		
	110	120	130
裤长L	59.5	65.5	71.5
上裆（含腰）BR	19.5	20.5	21.5
臀围H	58	62	66
裤口宽SB	8.5	8.5	9
腰头宽	3	3	3

表3-2-54　主要部位尺寸表　　　　单位：cm

序号	部　位	身　高		
		110	120	130
①	裤片长	56.5	62.5	68.5
②	裤片直裆	16.5	17.5	18.5
③	前裤片臀围/腰围	14	15	16
④	前横裆	16.5	17.5	18.5
⑤	前裤脚口	8	8	8.5
⑥	后裤臀围/腰围	15	16	17
⑦	后裤口	9	9	9.5
⑧	后袋位a	6	6	6
⑨	后袋位b	3	3.5	4
⑩	后袋位c	5.5	5.5	5.5

（续表）

序号	部　位	身　高		
		110	120	130
⑪	后袋宽	8	8.5	8.5
⑫	后袋长	8.5	9	9
⑬	腰头长	58	62	66
⑭	腰头宽	3	3	3
⑮	腰松紧长（参考）	44	46	48

　　贴袋针织长裤基础结构如图 3-2-54 所示。

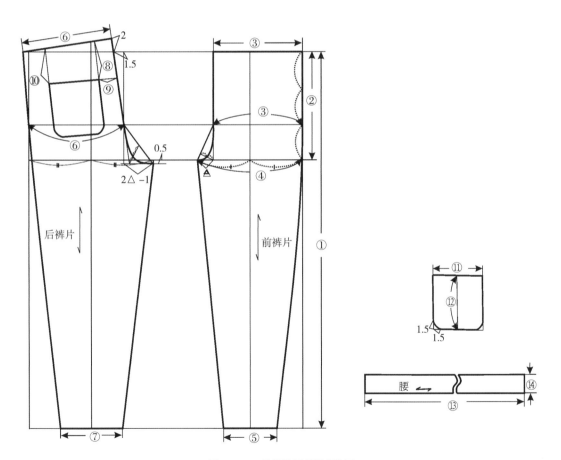

图3-2-54　贴袋针织长裤结构图

二十八、双腰长裤

款式特征

这是一款在腰头上加罗纹腰构成的双腰长裤，前插袋，后右裤贴袋，假门襟，规格 95cm 及以卜做内用裆，裤中裆上抬 2～3cm，裤腿略显喇叭状，款式如图 3-2-55 所示。

成品规格及主要部位尺寸见表 3-2-55、表 3-2-56。

图3-2-55　双腰长裤款式图

表3-2-55　成品规格表　　　　　　　　单位：cm

部　位	身　高						
	80	90	95	100	110	120	130
裤长L	48	51	53	56.5	62.5	68.5	74.5
上裆长（含腰）BR	17.5	18	18	18.5	19.5	20.5	21.5
臀围H	52	54	56	58	62	66	70
罗纹腰高	3	3	3	3.5	3.5	3.5	3.5
腰切替高	3	3	3	3.5	3.5	3.5	3.5
裤口宽SB	12	12.5	13	13.5	14.5	15.5	16.5

表3-2-56　主要部位尺寸表　　　　　　　　单位：cm

序号	部　位	身　高						
		80	90	95	100	110	120	130
①	裤片长	42	45	47	50.5	56.5	62.5	68.5
②	裤片上裆	11.5	12	12	12.5	13.5	14.5	15.5
③	前裤臀围/腰围	12.5	13	13.5	14	15	16	17
④	前裤脚口	11	11.5	12	12.5	13.5	14	15.5
⑤	前裤中裆	10	10.5	11	11.5	12.5	13	14.5
⑥	前袋宽	7	7	7.5	7.5	8	8	8.5
⑦	前袋高	4	4	4.5	4.5	5	5	5.5

（续表）

序号	部 位	身 高						
		80	90	95	100	110	120	130
⑧	门襟长	8.5	8.5	8.5	9.5	9.5	9.5	9.5
⑨	门襟宽	3	3	3	3	3	3	3
⑩	后裤臀围/腰围	13.5	14	14.5	15	16	17	18
⑪	后裤脚口	13	13.5	14	14.5	15.5	16	17.5
⑫	后裤中裆	12	12.5	13	13.5	14.5	15	16.5
⑬	凹 势	1.2	1.2	1.2	1.2	1.2	1.2	1.2
⑭	起 翘	2	2.1	2.2	2.3	2.4	2.5	2.6
⑮	后袋位	2.5	2.5	2.5	3	3	3	3
⑯	后袋口位1	2	2	2	2.5	2.5	2.5	2.5
⑰	后袋口位2	1.5	1.5	1.5	2	2	2	2
⑱	后袋宽	9	9	9	10	10	10	10
⑲	后袋长	9	9	9	10	10	10	10
⑳	腰切替长	52	54	56	58	62	66	70
㉑	腰切替高	3	3	3	3.5	3.5	3.5	3.5
㉒	罗纹腰长	39	40	41	42	44	46	48
㉓	罗纹腰高	3	3	3	3.5	3.5	3.5	3.5
㉔	腰松紧长（参考）	41	42	43	44	46	48	50

双腰长裤基础结构如图 3-2-56 所示。

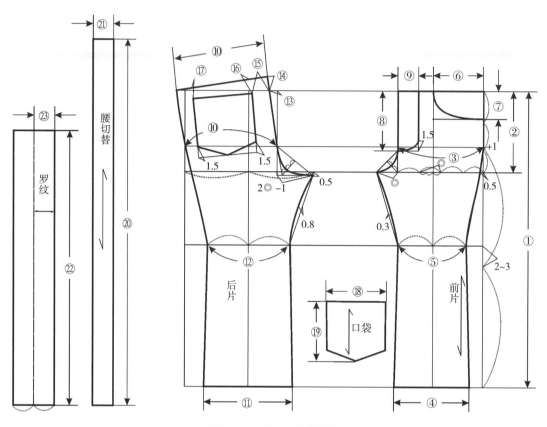

图3-2-56　双腰长裤结构图

图3-2-57　吊带连裤衫款式图

二十九、吊带连裤衫

款式特征

　　这是一款吊带连裤衫,领口双层荷叶边,连裤衫,腰部抽松紧,前中心线处系蝴蝶结。可用雪纺为面料,款式简单活泼,适合女小、中童夏季穿着,款式如图 3-2-57 所示。

成品规格及主要部位尺寸见表3-2-57、表3-2-58。

部 位	身 高							
	70	80	90	95	100	110	120	130
衣长L	45.5	47.5	50.5	52	53.5	57.5	60.5	63.5
上裆BR	15	15.5	16	16.5	16.5	17.5	18.5	19.5
臀围H	66	69	72	75	78	81	84	87
裤口宽SB	19.5	20	20.5	21	22	23	24	25

表3-2-58 主要部位尺寸表 单位：cm

序号	部 位	身 高							
		70	80	90	95	100	110	120	130
①	衣总长	45.5	47.5	50.5	52	53.5	57.5	60.5	63.5
②	上衣长	26.5	28	29.5	30.5	32	34	36	38
③	裤片直裆	15	15.5	16	16.5	16.5	17.5	18.5	19.5
④	肩带长	4.5	5	5	5.5	6	6	6.5	7
⑤	荷叶边1高	5.5	5.5	6	6	6	6.5	6.5	6.5
⑥	荷叶边2高	7	7	8	8	8	9	9	9
⑦	领 宽	5	5.25	5.5	5.75	6	6.25	6.5	6.75
⑧	挂 肩	11	11.5	12	12.5	13	14	15	16
⑨	前腰围/臀围	16	16.75	17.5	18.25	19	19.75	20.5	21.25
⑩	前小裆	3.3	3.45	3.6	3.75	3.9	4.05	4.2	4.35
⑪	前脚口	17.5	18	18.5	19	20	21	22	23
⑫	后腰围/臀围	17	17.75	18.5	19.25	20	20.75	21.5	22.25
⑬	后裆宽	7.26	7.6	7.9	8.3	8.6	8.9	9.2	9.6
⑭	后脚口	21.5	22	22.5	23	24	25	26	27
⑮	腰松紧（参考）	41	42	43	44	45	46	48	50

吊带连裤衫基础结构如图 3-2-58 所示。

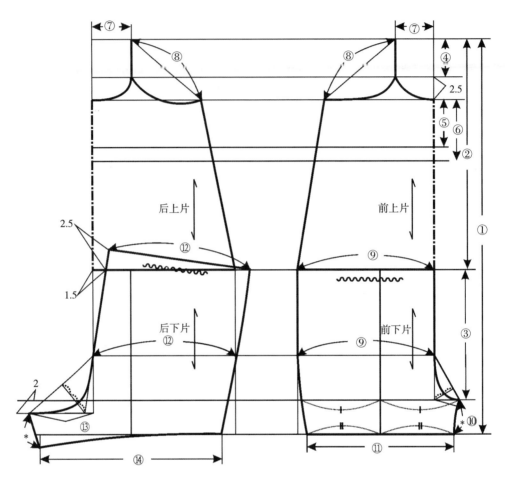

图3-2-58　吊带连裤衫结构图

图3-2-59　风帽爬爬装款式图

三十、风帽爬爬装

款式特征

这是一款前中心线开口的风帽爬爬装，前后上下拼缝，袖长拼缝可脱卸，风帽有耳朵装饰，拼裆。适合女中童穿着，款式如图 3-2-59 所示。

成品规格及主要部位尺寸见表 3-2-59、表 3-2-60。

表3-2-59　成品规格表　　　　　　　　　　　　　　单位：cm

部　位	身　高		
	70	80	90
衣长L	54	59	64
胸围B	54	56	58
肩宽S	23	24	25
袖长SL	21	24.5	28
臀围H	58	60	62

表3-2-60　主要部位尺寸表　　　　　　　　　　　　单位：cm

序号	部　位	身　高		
		130	140	150
①	前上拼长	19	20	21
②	前领深	5.5	6	6
③	落　肩	1.3	1.4	1.5
④	挂肩（直量）	12	12.5	13
⑤	领　宽	6.25	6.5	6.5
⑥	$\frac{1}{2}$ 肩宽	11.5	12	12.5
⑦	$\frac{1}{4}$ 胸围	13.5	14	14.5
⑧	前上拼缝宽	14	14.5	15
⑨	后领深	1.7	1.7	1.7
⑩	前下拼长	35	39	43
⑪	股　下	16	19	22
⑫	$\frac{1}{4}$ 前臀围	14.5	15	15.5
⑬	前下拼缝宽	16	16.5	17
⑭	脚　口	11	11.5	12
⑮	后臀围	14	14.5	15
⑯	袖　长	21	24.5	28
⑰	上袖长	8	9	10
⑱	袖山高	5	5	5.5
⑲	袖　口	15	15	16
⑳	帽　长	25	26	26
㉑	帽　宽	17	18	18

序号	部 位	身 高		
		130	140	150
㉒	帽耳朵长	3.5	3.5	3.5
㉓	帽耳朵宽	3	3	3
㉔	裆 宽	16	16	16
㉕	裆上长	4.5	4.5	4.5
㉖	裆下长	5	5	5

风帽爬爬装基础结构如图 3-2-60 所示。

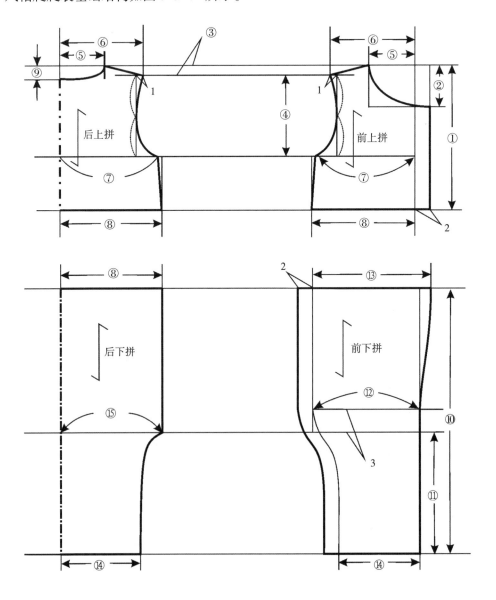

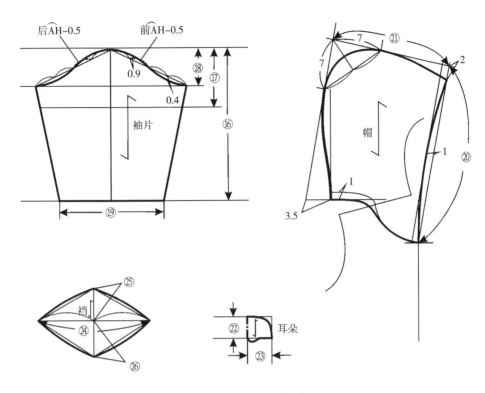

图3-2-60 风帽爬爬装结构图

第4章

童上装结构制图

　　童上装结构制图分四个部分进行讲解，第一节是18款单衣类童上装，单衣类款型以圆领居多，配以花边、抽褶和蝴蝶结类装饰等，线迹上采用包缝和绷缝为主，以适应儿童幼嫩的肌肤和运动需求；第二节是9款夹衣类上装，其多为双层春秋服，以风帽装饰为主，配以精制的印绣工艺，款型虽简单流畅，但活泼可爱；第三节是6款棉衣类上装，第四节是6款羽绒服上装，这二类为多层外衣，保暖性好。尤其是羽绒服，这类童装的面料以高密防水防风处理为主，内装防绒内胆。大身一般充填鸭绒，帽子充填中空棉。大身内外层、帽子、帽毛、袖子可设计成脱卸式，以方便平时护理。羽绒服多数款式设计成前开门，内装拉链，外加明门襟，以达到防风保暖效果。

第一节 单衣类结构制图

一、吊带衫

款式特征

这是一款后开门，适合身高 90～100cm 的四粒扣吊带衫，适合身高 110～120cm 的五粒扣吊带衫。前身断缝处饰以 4～5cm 宽的抽褶花边，上下边口加 1.5～2cm 左右的褶皱花边，抽褶量为 1:1.6。胸前配 2 个蝴蝶结，蝴蝶结中间用 1cm 宽的滚条暗针固定。该款适合中童夏季穿着，款式如图 4-1-1 所示。

成品规格及主要部位尺寸见表 4-1-1、表 4-1-2。

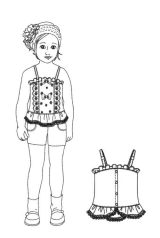

图4-1-1 吊带衫款式图

表4-1-1 成品规格表 单位：cm

部 位	规 格			
身 高	90	100	110	120
衣长 L	31	33	36	39
胸围 B	56	59	62	66

表4-1-2 主要部位尺寸表 单位：cm

序号	部 位	身 高			
		90	100	110	120
①	衣 长	31	33	36	39
②	下摆高	5	5	5	5.5
③	前中长	16	17.5	20	22.5
④	侧缝长	11.5	13	15	17
⑤	$\frac{1}{4}$ 胸 围	14	14.75	15.5	16.5
⑥	腰 围	14.5	15	16	17
⑦	下摆宽（接缝处）	15	15.5	16.5	17.5
⑧	下摆宽	24	25.5	26.5	28

（续表）

序号	部 位	身 高			
		90	100	110	120
⑨	前中拼上宽	6.5	7	7.5	8
⑩	前中拼下宽	5	5.5	6	6.5
⑪	背带位（前）	5.7	6.2	6.5	7
⑫	后中长	15	16.5	19	21.5
⑬	背带位（后）	4.7	6.2	6.5	7
⑭	后门襟宽	2	2	2	2
⑮	总背带长	29	31	33	36
⑯	总背带宽	1	1	1	1
⑰	蝴蝶结长	7	7	7	7
⑱	蝴蝶结宽	4.5	4.5	4.5	4.5

吊带衫基础结构如图 4-1-2 所示。

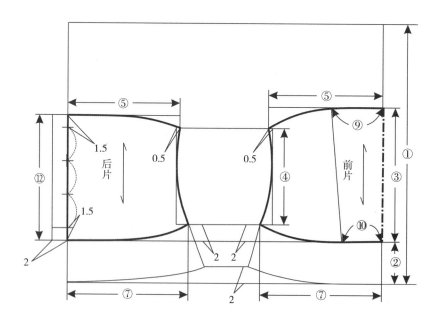

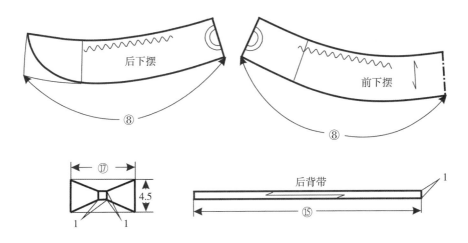

图4-1-2　吊带衫结构图

二、拷边汗布背心

款式特征

这是一款简洁的拷边汗布背心，下摆双针绷边，领口、袖口进行密拷后加装松紧，胸前配一蝴蝶结，款式简洁大方，款式如图 4-1-3 所示。

成品规格及主要部位尺寸见表 4-1-3、表 4-1-4。

表4-1-3　成品规格表　　单位：cm

部　　位	规　　格							
身　高	70	80	90	95	100	110	120	130
衣长 L	35	37	39	41	43	46	49	52
胸围 B	56	58	60	62	64	68	72	76
肩宽 S	22	23	24	25	26	28	30	32

图4-1-3　拷边汗布背心款式图

表4-1-4　主要部位尺寸表　　　　单位：cm

序号	部　　位	身　　高							
		70	80	90	95	100	110	120	130
①	衣　　长	35	37	39	41	43	46	49	52
②	前领口深	6.5	6.5	7	7	7.5	7.5	8	8.5
③	后领口深	2.5	2.5	2.5	2.5	3	3	3	3

序号	部　位	身　　高							
		70	80	90	95	100	110	120	130
④	挂肩（直量）	12	12.5	13	13.5	14	14.5	15	15.5
⑤	落　肩	2.2	2.3	2.4	2.5	2.6	2.8	3	3.2
⑥	领口宽	6.75	6.75	7	7	7.25	7.5	7.75	8
⑦	$\frac{1}{2}$ 肩宽	11	11.5	12	12.5	13	14	15	16
⑧	$\frac{1}{4}$ 胸围	14	14.5	15	15.5	16	17	18	19
⑨	摆　围	19.5	20	20	20.5	21	22	23	24
⑩	领口松紧毛长	40	40	42	42	44	46	48	50
⑪	袖窿松紧毛长	30	31	32	33	34	35	36	37

拷边汗布背心基础结构如图 4-1-4 所示。

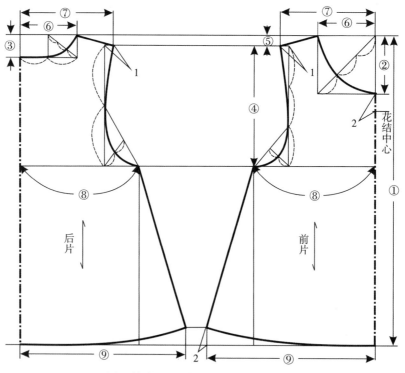

（注：检验领口弧线和袖窿弧线的顺畅）

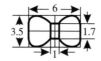

图4-1-4　拷边汗布背心结构图

三、滚边汗布背心

款式特征

这是一款面料采用满身印花汗布的背心，领口和袖口用单针罗纹滚边，前胸肩部配抽褶荷叶边。在制作时，注意领拉伸要满足头围要求，一般领拉伸需大于56cm以上。款式如图4-1-5所示。

成品规格及主要部位尺寸见表4-1-5、表4-1-6。

图4-1-5 滚边汗布背心款式图

表4-1-5 成品规格表　　　　　　　　　　　　　　单位：cm

部　位	身　高				
	100	110	120	130	140
衣长 L	39.5	42	45.5	49	52.5
胸围 B	52	56	60	64	68
肩宽 S	18.5	20	22	24	26

表4-1-6 主要部位尺寸表　　　　　　　　　　　　单位：cm

序号	部　位	身　高				
		100	110	120	130	140
①	衣　长	39.5	42	45.5	49	52.5
②	前领口深	7	7.5	8	8.5	9
③	后领口深	2.5	3	3	3	3
④	挂肩（直量）	13	14	15	16	17
⑤	落　肩	1.8	2	2.2	2.4	2.6
⑥	领口宽	5.75	6	6.25	6.5	6.75
⑦	$\frac{1}{2}$肩宽	9.25	10	11	12	13
⑧	$\frac{1}{4}$胸围	13	14	15	16	17
⑨	摆　围	14.5	15.5	16.5	17.5	18.5

（续表）

序号	部 位	身　高				
		100	110	120	130	140
⑩	上荷叶边长（成品）	11	12	12.5	13	13.5
⑪	上荷叶边宽（成品）	4.5	5	5	5	5
⑫	下荷叶边长（成品）	10.5	11.5	12	12.5	13
⑬	上荷叶边宽（成品）	4	4.5	4.5	4.5	4.5
⑭	荷叶边横位	4	4.5	5	5.2	5.7
⑮	荷叶边距侧颈点位	0.6	0.6	1	1	1.5

（注：荷叶边抽褶按1∶1.6抽褶；上层荷叶边止口要盖住下层荷叶边止口；上下层荷叶边缝迹间隔2~2.5 cm。）

滚边汗布背心基础结构如图4-1-6所示。

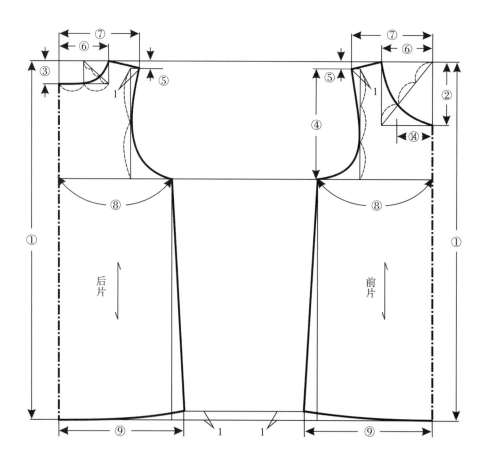

图4-1-6　滚边汗布背心结构图

四、蝴蝶结汗布背心

款式特征

这是一款针织汗布背心，领口、袖口均是 1.2cm 的滚边。款式的变化之处在左右两袋口上，将做好的蝴蝶结固定在袋口上，要求蝴蝶结上口与袋口平齐，同时蝴蝶结和袋口一起与衣片侧缝进行四线包缝。下摆用罗纹布，款式如图 4-1-7 所示。

成品规格及主要部位尺寸见表4-1-7、表4-1-8。

图4-1-7　蝴蝶结汗布背心款式图

表4-1-7　成品规格表　　　　单位：cm

部　位	身　高					
	80	90	95	100	110	120
衣长 L	38	41	44	47	50	54
胸围 B	55	57	59	61	63	65
肩宽 S	21.5	22.5	23.5	24.5	26.5	28.5

表4-1-8　主要部位尺寸表　　　　单位：cm

序号	部　位	身　高					
		80	90	95	100	110	120
①	衣　长	38	41	44	47	50	54
②	落　肩	2.1	2.2	2.3	2.4	2.6	2.8
③	前领口深	8.5	9	9	9.5	10	10.5
④	后领口深	2	2.5	2.5	3	3	3
⑤	挂肩（斜量）	12.5	13	13.5	14	15	16
⑥	领口宽	5.5	5.5	5.75	6	6.25	6.5
⑦	$\frac{1}{2}$ 肩宽	10.75	11.25	11.75	12.25	13.25	14.25
⑧	$\frac{1}{4}$ 胸围	13.75	14.25	14.75	15.25	16.25	17.25
⑨	下摆围	12.25	13	13.5	14	15	15.75
⑩	下摆高	4	4	4	5	5	5

（续表）

序号	部 位	身 高					
		80	90	95	100	110	120
⑪	口袋位置	2	2	2	3	3	3
⑫	口袋尺寸a	10	10	10	11	11	11
⑬	口袋尺寸b	10	10	10	11	11	11
⑭	口袋尺寸c	7	7	7	8	8	8
⑮	口袋尺寸d	8.5	8.5	8.5	9.5	9.5	9.5
⑯	蝴蝶结长	8.5	8.5	8.5	9.5	9.5	9.5
⑰	蝴蝶结宽	3.5	3.5	3.5	3.5	3.5	3.5

蝴蝶结汗布背心基础结构如图 4-1-8。

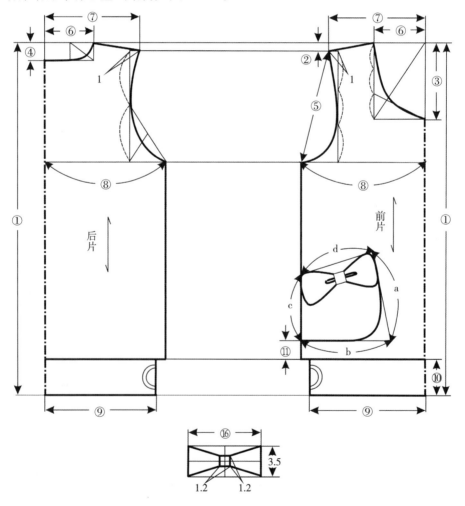

图4-1-8　蝴蝶结汗布背心结构图

五、滚边针织圆领衫

款式特征

这是一款领口、袖口异色滚边的圆领衫，滚边面料用罗纹组织，下摆挽边。大身依据领口造型进行圆弧分割，分割处嵌以抽褶花边。风格率真，适合女童夏季穿着，款式如图 4-1-9 所示。

成品规格及主要部位尺寸见表 4-1-9、表 4-1-10。

图4-1-9 滚边针织圆领衫款式图

表4-1-9 成品规格表 单位：cm

部　位	身　高			
	90	100	110	120
衣长 L	35	38	41	44
胸围 B	56	60	64	68
肩宽 S	22	23.5	25	27

表4-1-10 主要部位尺寸表 单位：cm

序号	部　位	身　高			
		90	100	110	120
①	衣　长	35	38	41	44
②	前领口深	7.5	7.5	8	8
③	后领口深	2.5	2.5	3	3
④	挂肩（直量）	12.5	13.5	14.5	15.5
⑤	腰　节	22	24	26	28
⑥	领口宽	6.75	6.75	7.25	7.25
⑦	$\frac{1}{2}$ 肩宽	11	11.75	12.5	13.5
⑧	$\frac{1}{4}$ 胸围	14	15	16	17
⑨	腰　围	13.75	14.5	15.5	16.25
⑩	摆　围	15	16	16.5	17.5
⑪	前拼高	9	10	10.5	11.5

滚边针织圆领衫基础结构如图 4-1-10 所示。

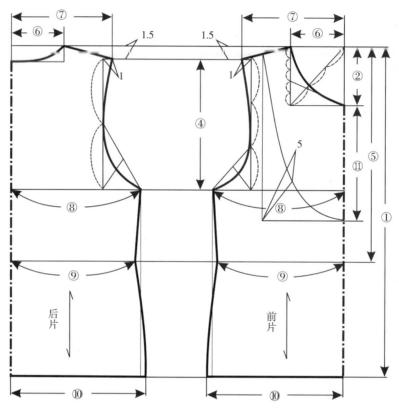

（注：检验领口弧线和袖窿弧线的顺畅）

图4-1-10　滚边针织圆领衫结构图

图4-1-11　飞袖圆领衫款式图

六、飞袖圆领衫

款式特征

这是一款领口 1+1 罗纹单针滚边的飞袖圆领衫，袖口抽褶花格料加边，下摆侧缝处加橡筋抽褶。大身用针织氨棉面料，下摆三层抽褶。采用全棉色织格面料，款式活泼可爱，适合女童穿着，款式如图 4-1-11 所示。

成品规格及主要部位尺寸见表 4-1-11、表 4-1-12。

表4-1-11 成品规格表 单位：cm

部 位	身 高			
	90	100	110	120
衣长 L	43	48	53	58
胸围 B	58	60	64	68
肩宽 S	22	23	24.5	26
袖长 SL	3.5	3.5	4	4

表4-1-12 主要部位尺寸表 单位：cm

序号	部 位	身 高			
		90	100	110	120
①	衣 长	43	48	53	58
②	前领口深	8	8	8.5	8.5
③	后领口深	4	4	4.5	4.5
④	挂肩（直量）	12.5	13	14	15
⑤	领口宽	7	7.25	7.5	7.75
⑥	$\frac{1}{2}$ 肩宽	11	11.5	12.25	13
⑦	$\frac{1}{4}$ 胸围	14.5	15	16	17
⑧	上拼高	30	33	36	39
⑨	橡筋位	6.5	6.5	7	7
⑩	下摆高1	5	6	6.5	7
⑪	下摆高2	4	4.5	5	6
⑫	下摆高3	4	4.5	5.5	6
⑬	$\frac{1}{2}$ 臀围	15	15.5	16.5	17.5
⑭	下摆宽1	22	23	24.5	26
⑮	下摆宽2	26	27	28.5	30
⑯	下摆宽3	28.5	30	32	34
⑰	后衩高	6	6	6.5	6.5
⑱	蝴蝶结长	7.5	7.5	7.5	7.5
⑲	蝴蝶结宽	4.5	4.5	4.5	4.5

飞袖圆领衫基础结构如图 4-1-12 所示。

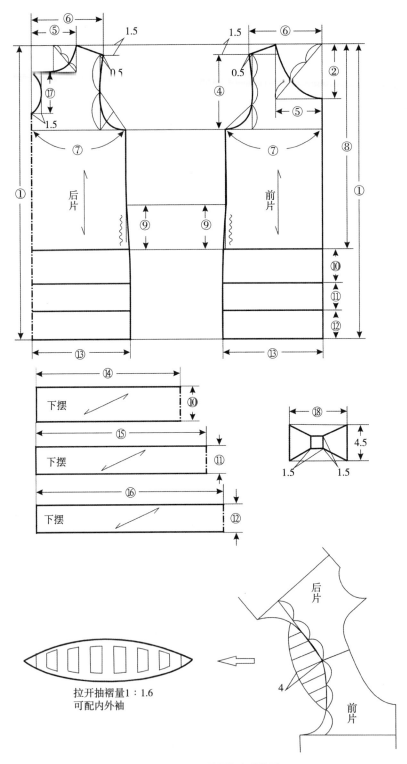

图4-1-12 飞袖圆领衫结构图

七、灯笼袖圆领衫

款式特征

这是一款单针罗纹滚领的灯笼袖圆领衫，袖山和袖口抽褶形成灯笼状袖形，前衣身可配印花横条或彩色色带，并在左前胸处暗针固定三个蝴蝶结。整体款式为较卡腰结构，简洁中富于变化，款式如图 4-1-13 所示。

成品规格及主要部位尺寸见表 4-1-13、表 4-1-14。

图4-1-13 灯笼袖圆领衫款式图

表4-1-13 成品规格表 单位：cm

部 位	身 高			
	130	140	150	160
衣长 L	45	48	52	56
胸围 B	70	76	80	84
肩宽 S	26	28	30	32
袖长 SL	12	13	13	14
袖口宽 CW	11.5	12	12.5	13

表4-1-14 主要部位尺寸表 单位：cm

序号	部 位	身 高			
		130	140	150	160
①	衣 长	45	48	52	56
②	落 肩	2.6	2.8	3	3.2
③	前领口深	9	9.5	10	10.5
④	挂 肩	16	16.5	17.5	18
⑤	腰 节	29	31	33	35
⑥	领口宽	8.5	8.75	9	9.25
⑦	$\frac{1}{2}$ 肩宽	13	14	15	16
⑧	$\frac{1}{4}$ 胸围	17.5	19	20	21

（续表）

序号	部 位	身 高			
		130	140	150	160
⑨	腰 围	14.5	15.5	16.5	17.5
⑩	下 摆	18	19.5	21	22.5
⑪	后领深	3.5	3.5	3.5	3.5
⑫	袖 长	12	13	13	14
⑬	袖 口	11.5	12	12.5	13
⑭	蝴蝶结长	6	6	6.5	6.5
⑮	蝴蝶结宽	2.5	2.5	3	3

灯笼袖圆领衫基础结构如图 4-1-14 所示。

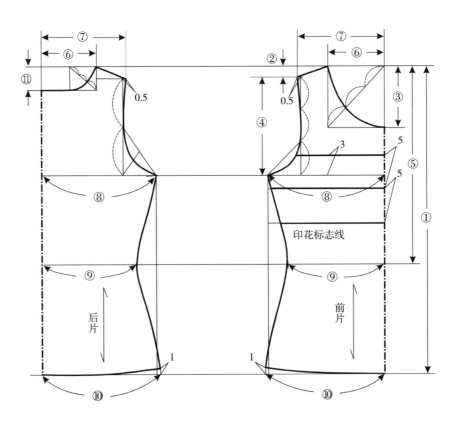

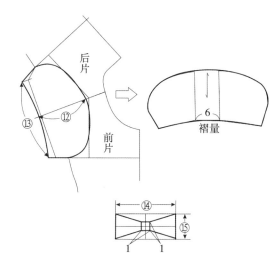

图4-1-14 灯笼袖圆领衫结构图

八、圆领插肩衫

款式特征

这是一款圆领长袖针织衫，领口双针滚边，袖口折边，底摆双针挽边。款式变化在于利用插肩的分割，把不同面料进行相拼，以达到造型变化的目的，款式如图 4-1-15 所示。

成品规格及主要部位尺寸见表 4-1-15、表 4-1-16。

图4-1-15 圆领插肩衫款式图

表4-1-15 成品规格表 单位：cm

部 位	身 高		
	80	90	95
衣长 L	34.5	36.5	38.5
胸围 B	54	56	58
肩宽 S	23	24	25
袖长 SL	32.5	35.8	38.5
袖口宽 CW	16	16.4	17.4

表4-1-16　主要部位尺寸表　　　　　　单位：cm

序号	部　位	身　高		
		80	90	95
①	衣　长	34.5	36.5	38.5
②	落　肩	1	1.2	1.4
③	前领口深	5.5	5.8	6
④	后领口深	1.5	1.5	1.5
⑤	挂肩（直量）	12.5	13	13.5
⑥	领口宽	5.2	5.4	5.6
⑦	$\frac{1}{2}$ 肩宽	11.5	12	12.5
⑧	$\frac{1}{4}$ 胸围	13.5	14	14.5
⑨	摆　围	13.5	14	14.5
⑩	袖长（后领中心点起量）	32.5	35.8	38.5
⑪	袖　口	8	8.2	8.7

圆领插肩衫基础结构如图 4-1-16 所示。

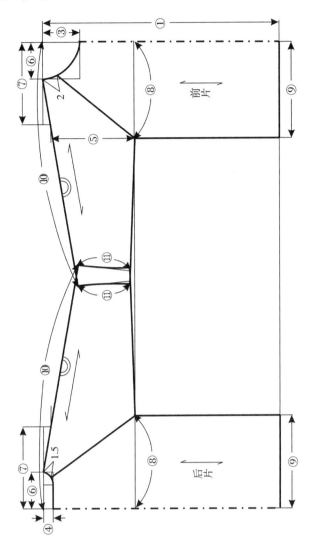

图4-1-16 圆领插肩衫结构图

九、仿V领圆领衫

款式特征

这是一款长袖圆领衫，大身采用提花针织布，下摆荷叶边和 V 领部分用印花针织布，领口罗纹布滚边，不同坯布巧妙相拼，适合小童穿着。款式如图 4-1-17 所示。

图4-1-17 仿V领圆领衫款式图

成品规格及主要部位尺寸见表4-1-17、表4-1-18。

表4-1-17 成品规格表

单位：cm

部 位	身 高		
	80	90	95
衣长 L	35	37	39
胸围 B	63	55	57
肩宽 S	22.5	23.5	24.5
袖长 SL	26.5	29.5	32
袖口宽 CW	16	17	18

表4-1-18 主要部位尺寸表

单位：cm

序号	部 位	身 高		
		80	90	95
①	衣 长	27	29	31
②	落 肩	2.2	2.3	2.4
③	前领口深	5.5	5.8	6
④	后领口深	1.5	1.5	1.5
⑤	挂肩（直量）	12	12.5	13
⑥	领口宽	5.2	5.4	5.6
⑦	$\frac{1}{2}$ 肩宽	11.25	11.75	12.25
⑧	$\frac{1}{4}$ 胸围	13.25	13.75	14.25
⑨	摆 围	13.25	13.75	14.25
⑩	下摆高	8	8	8
⑪	V领深	16.3	16.5	16.8
⑫	V领宽	7.5	7.75	8
⑬	袖 长	26.5	29.5	32
⑭	袖 口	16	17	18

仿 V 领圆领衫基础结构如图 4-1-18 所示。

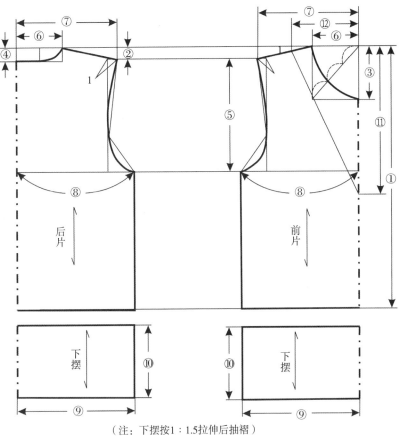

（注：下摆按1∶1.5拉伸后抽褶）

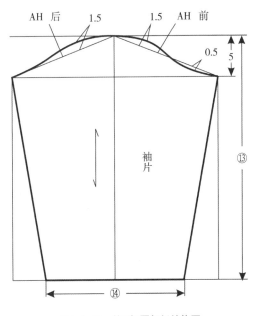

图4-1-18　仿V领圆领衫结构图

十、领口抽褶圆领衫

图4-1-19　领口抽褶圆领衫款式图

款式特征

这是一款插肩短袖圆领衫，领口装1.5cm荷叶边。袖山头和袖口抽褶，领口和下摆平拉后抽褶，左胸前配一蝴蝶结，面料要配合款式要求选择，一般采用雪纺类面料。里层可采用低弹丝汗布，蝴蝶结用2cm的缎带。款式如图4-1-19所示。

成品规格及主要部位尺寸见表4-1-19、表4-1-20。

表4-1-19　成品规格表　　　　单位：cm

部　位	身　高							
	70	80	90	95	100	110	120	130
衣长 L	38	40	42	44	46	49	52	55
胸围 B	56	58	60	62	64	68	72	76
肩宽 S	22	23	24	25	26	28	30	32
衍　长①	17	18.5	20	21.5	23	25	27	29
袖口 CW	16	16	17	17	18	19	20	21

表4-1-20　主要部位尺寸表　　　　单位：cm

序号	部　位	身　高							
		70	80	90	95	100	110	120	130
①	衣　长	38	40	42	44	46	49	52	55
②	落　肩	1.1	1.2	1.2	1.3	1.3	1.4	1.5	1.6
③	前领口深	7.5	7.5	8	8	8.5	8.5	9	9.5
④	后领口深	3.5	3.5	4	4	4.5	4.5	5	5
⑤	挂肩（直量）	12	12	12.5	12.5	13	14	15	16
⑥	领口宽	7.5	7.75	8	8.25	8.5	8.75	9	9.25
⑦	$\frac{1}{2}$肩　宽	11	11.5	12	12.5	13	14	15	16

① 衍长：后颈椎点到袖口的长度。

（续表）

序号	部　位	身　高							
		70	80	90	95	100	110	120	130
⑧	$\frac{1}{4}$ 胸围	14	14.5	15	15.5	16	17	18	19
⑨	摆围（收褶后）	14.5	15	15.5	16	16.5	17.5	18.5	19.5
⑩	摆围（收褶前）	23	23.5	24	24.5	25	26	27	28
⑪	蝴蝶结a	8	8	8	8	9	9	9	9
⑫	蝴蝶结b	10	10	10	10	11	11	11	11
⑬	衍　长	17	18.5	20	21.5	23	25	27	29
⑭	袖　口	8	8	8.5	8.5	9	9.5	10	10.5

领口抽褶圆领衫基础结构如图 4-1-20 所示。

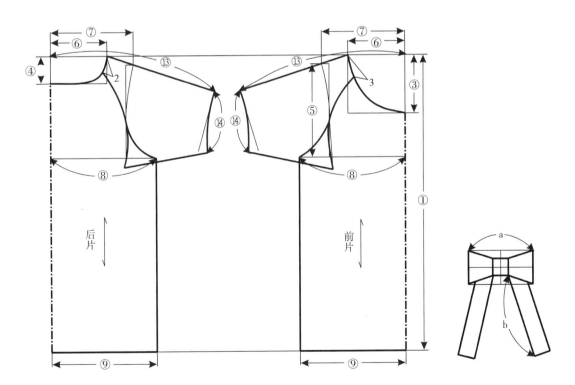

（注：袖山头和袖口抽褶，领口和下摆平拉后抽褶）

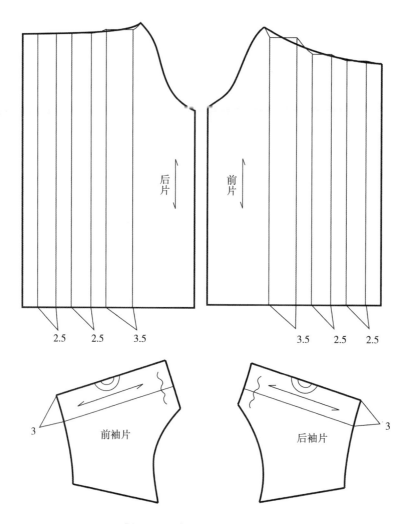

图4-1-20 领口抽褶圆领衫结构图

图4-1-21 胸部抽褶圆领衫款式图

十一、胸部抽褶圆领衫

款式特征

这是一款胸部抽褶长袖圆领衫，领口单针滚领，袖山和袖口抽褶，前胸横断，分割线下抽褶，上部用四线平机抽褶，外加暗缝蝴蝶结一个。面料可选用针织提花天鹅绒，款式新颖时尚，款式如图 4-1-21所示。

成品规格及主要部位尺寸见表4-1-21、表4-1-22。

表4-1-21　成品规格表　　　　　　　　　　　　　　单位：cm

部　位	身　高							
	70	80	90	95	100	110	120	130
衣长 L	38	40	42	44	46	49	52	55
胸围 B	54	56	58	60	62	66	70	74
肩宽 S	20	21	22	23	24	26	28	30
袖长 SL	23	27	30	32	35	39	43	47
袖口宽 CW	12	12	13	13	14	15	16	17

表4-1-22　主要部位尺寸表　　　　　　　　　　　　单位：cm

序号	部　位	身　高							
		70	80	90	95	100	110	120	130
①	衣　长	38	40	42	44	46	49	52	55
②	落　肩	2	2.1	2.2	2.3	2.4	2.5	2.6	2.7
③	前领口深	5.5	5.5	6	6	6.5	6.5	7	7
④	后领口深	1.5	2	2	2	2.5	2.5	2.5	2.5
⑤	挂肩(直量)	12	12.5	13	13.5	14	15	16	17
⑥	领口宽	6.25	6.25	6.5	6.5	6.25	7	7.25	7.5
⑦	$\frac{1}{2}$ 肩宽	10	10.5	11	11.5	12	13	14	15
⑧	$\frac{1}{4}$ 胸围	13.5	14	14.5	15	15.5	16.5	17.5	18.5
⑨	摆围（装松紧后）	15	15.5	16	16.5	17	18	19.5	21
⑩	前上拼高	9.5	9.5	10	10.5	11	11.5	12	12.5
⑪	袖　长	23	27	30	32	35	39	43	47
⑫	袖　口	18	18	19	19	20	21	22	23
⑬	袖口裰量	6	6	6	6	6	6	6	6
⑭	摆围（装松紧前）	21	21.5	22	22.5	23	24	25.5	27
⑮	蝴蝶结a	10	10	10	10	12	12	12	12
⑯	蝴蝶结b	6	6	6	6	7	7	7	7
⑰	蝴蝶结c	7	7	7	7	8	8	8	8
⑱	蝴蝶结d	2	2	2	2	2.5	2.5	2.5	2.5

胸部抽褶圆领衫基础结构和变化结构如图 4-1-22 所示。

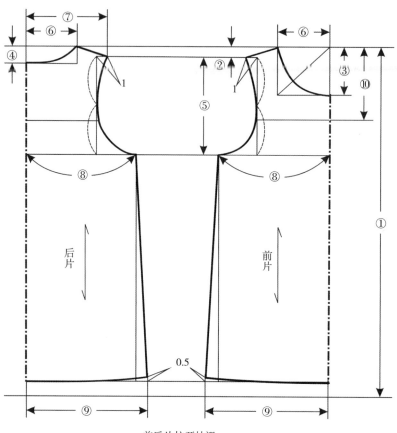

前后片拉开抽褶

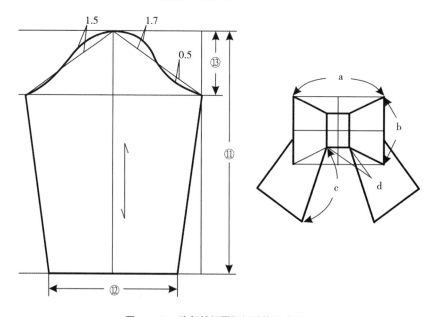

图4-1-22   胸部抽褶圆领衫结构图（1）

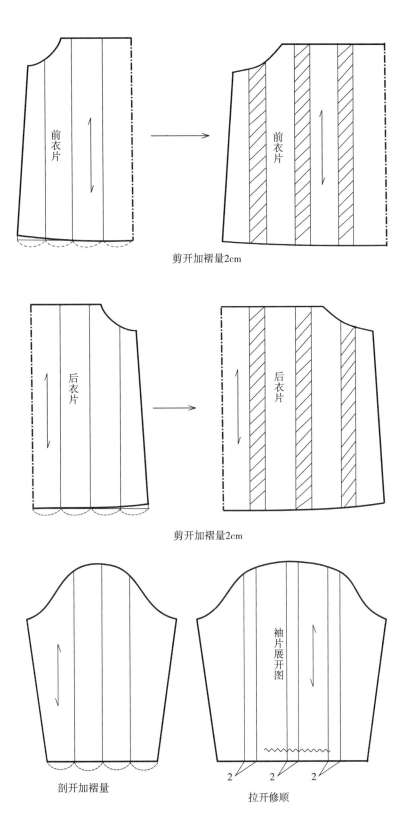

剪开加褶量2cm

剪开加褶量2cm

剖开加褶量

拉开修顺

图4-1-22 胸部抽褶圆领衫结构图（2）

十二、插肩式蝙蝠衫

款式特征

这是一款滚边圆领，插肩式蝙蝠袖，下摆配三层抽褶花边，利用插肩分割处作成开口处，并钉三粒五爪扣。大身面料采用印花棉毛，下接氨纶罗纹边作为下摆，袖身上部分割，下摆荷叶边和袖身上部用网眼布。着装风格变化中有呼应协调，款式如图4-1-23所示。

成品规格及主要部位尺寸见表4-1-23、表4-1-24。

图4-1-23　插肩式蝙蝠衫款式图

表4-1-23　成品规格表 单位：cm

部　位	身　高			
	80	90	95	100
衣长 L	43	45	47	49
胸围 B	70	72	74	76
肩宽 S	23	24	25	26
袖长 SL	26.5	28	29.5	31
袖口宽 CW	16	16	16	16

表4-1-24　主要部位尺寸表 单位：cm

序号	部　位	身　高			
		80	90	95	100
①	衣　长	33	35	37	39
②	落　肩	2.3	2.4	2.5	2.6
③	前领口深	5	5.5	5.5	6
④	后领口深	2	2	2	2
⑤	领口宽	5.5	5.75	6	6.25
⑥	$\frac{1}{2}$肩宽	11.5	12	12.5	13
⑦	$\frac{1}{4}$胸围	17.5	18	18.5	19

（续表）

序号	部 位	身 高			
		80	90	95	100
⑧	袖 肥	14	14.5	15	15.5
⑨	摆 阔	13.5	14	14.5	15
⑩	摆 高	2.5	2.5	2.5	2.5
⑪	荷叶边高	2.5	2.5	2.5	2.5
⑫	袖 长	26.5	28	29.5	31
⑬	袖上分割长	11	11	11	11
⑭	袖 口	8	8	8	8

插肩式蝙蝠衫基础结构如图 4-1-24 所示。

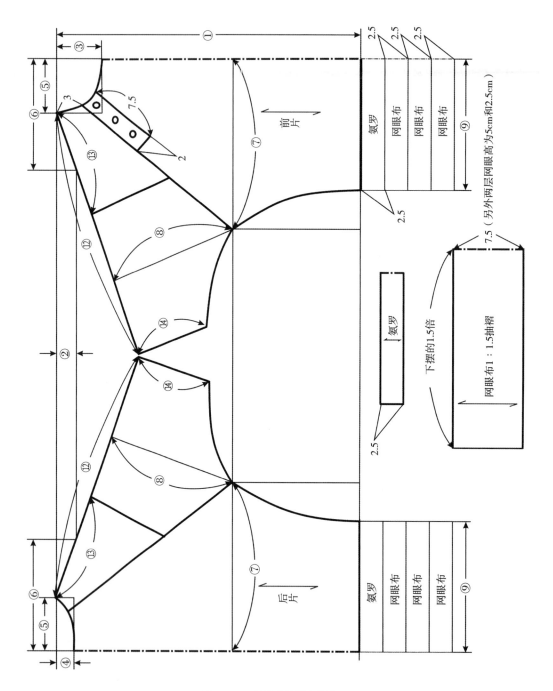

图4-1-24 插肩式蝙蝠衫结构图

十三、长袖T恤衫

款式特征

这是一款双针氨罗滚领T恤衫，长袖圆下摆，半开襟两粒扣。大身采用全棉汗布，袖切替、下摆切替和门襟用格子面料，全身色系宜统一，而印花可作跳色处理，格子料裁剪注意左右对称，款式如图4-1-25所示。

成品规格及主要部位尺寸见表4-1-25、表4-1-26。

图4-1-25　长袖T恤衫款式图

表4-1-25　成品规格表　　　　　　　　　　　单位：cm

部　位	身　高						
	80	90	95	100	110	120	130
衣长 L	36	38	40	42	45	48	51
胸围 B	56	58	60	62	66	70	74
肩宽 S	22	23	24	25	27	29	31
袖长 SL	25	28.5	30	32.5	36.5	40.5	44.5
袖口宽 CW	17	17	17	18	18	19	19

表4-1-26　主要部位尺寸表　　　　　　　　　　单位：cm

序号	部　位	身　高						
		80	90	95	100	110	120	130
①	衣　长	31.5	33.5	35.5	37	40	42.5	45.5
②	落　肩	2.2	2.3	2.4	2.5	2.7	2.9	3.1
③	前领口深	5.5	5.5	6	6	6.5	7	7.5
④	后领口深	1.5	1.5	1.5	2	2	2	2
⑤	挂肩（直量）	12.5	13	13.5	14	15	16	17
⑥	下摆切替高	4.5	4.5	4.5	5	5	5.5	5.5
⑦	领口宽	5.75	6	6.25	6.5	6.75	7	7.25

序号	部 位	身 高						
		80	90	95	100	110	120	130
⑧	$\frac{1}{2}$肩宽	11	11.5	12	12.5	13.5	14.5	15.5
⑨	$\frac{1}{4}$胸围	14	14.5	15	15.5	16.5	17.5	18.5
⑩	摆 围	14	14.5	15	15.5	16.5	17.5	18.5
⑪	门襟高	11	11	11	12	12	13	13
⑫	门襟宽	2.5	2.5	2.5	2.5	2.5	2.5	2.5
⑬	袖 长	23	26.5	28	30	34	38	42
⑭	袖 口	17	17	17	18	18	19	19
⑮	袖口切替高	2	2	2	2.5	2.5	2.5	2.5
⑯	底摆上翘	2	2	2	2	2	2	2

长袖 T 恤衫基础结构如图 4-1-26 所示。

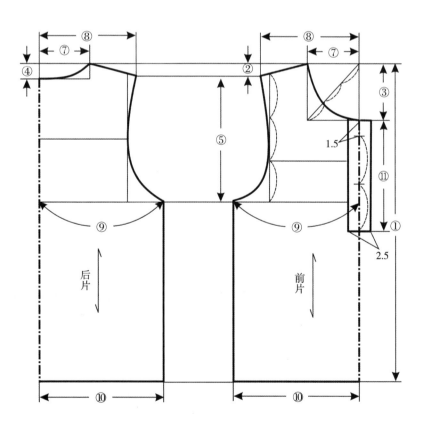

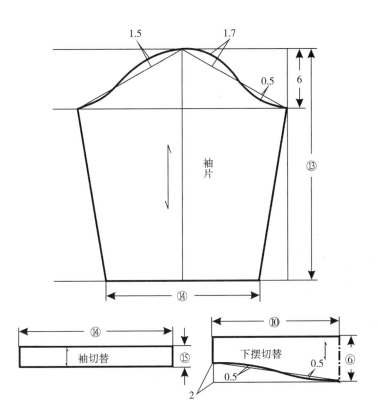

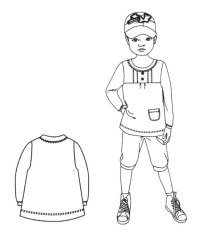

十四、圆领长袖衫

款式特征

这是一款罗纹滚领长袖衫，肩开口，罗口长袖，前胸横断，前下拼加褶，前上拼加花边装饰，假缝两粒纽扣。大身面料可采用针织毛圈拉毛布，前上拼可用印花条格布，款式如图4-1-27所示。

成品规格及主要部位尺寸见表4-1-27、表4-1-28。

图4-1-27　圆领长袖衫款式图

表4-1-27　成品规格表　　　　　　　　　　　　　　　　　　单位：cm

部　位	身　高		
	80	90	95
衣长 L	35	37	39
胸围 B	55	57	59
肩宽 S	22	23	24
袖长 SL	27	30	32.5
袖口宽 CW	18	18	19

表4-1-28　主要部位尺寸表　　　　　　　　　　　　　　　　单位：cm

序号	部　位	身　高		
		80	90	95
①	衣　长	35	37	39
②	落　肩	2.2	2.3	2.4
③	前领口深	6.3	6.5	6.8
④	后领口深	2	2	2
⑤	挂肩（直量）	13	13.5	14
⑥	领口宽	6.5	6.75	7
⑦	$\frac{1}{2}$ 肩宽	11	11.5	12
⑧	$\frac{1}{4}$ 胸围	13.75	14.25	14.75
⑨	摆　围	15.25	15.75	16.25
⑩	袖　长	24	27	29.5
⑪	袖　口	18	18	19
⑫	袖罗纹宽	13	13.4	13.8
⑬	袖罗纹高	3	3	3
⑭	花边间距	3.25	3.25	3.25
⑮	抽褶量	4.5	4.5	4.5
⑯	袋位a	4.2	4.4	4.6
⑰	袋位b	5.3	5.8	6.3
⑱	袋口c	7.2	7.2	7.2
⑲	袋口d	6.8	6.8	6.8

圆领长袖衫基础结构如图 4-1-28 所示。

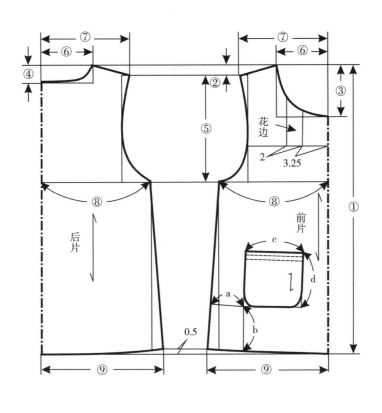

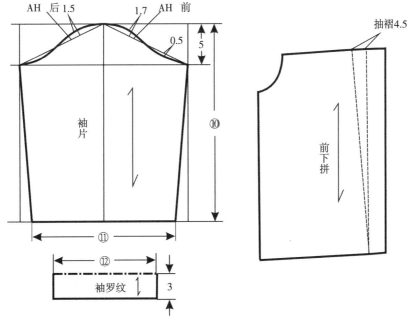

图4-1-28　圆领长袖衫结构图

图4-1-29 小翻领宽松上衣款式图

十五、小翻领宽松上衣

款式特征

这是一款翻领长袖宽松上衣，袖口袖山抽褶，前后圆弧过肩，后衣片上口、前衣片上口中部抽摺。半门襟装两粒扣，过肩可斜裁，下摆切替压装饰线，款式如图4-1-29所示。

成品规格及主要部位尺寸见表4-1-29、表4-1-30。

表4-1-29 成品规格表　　　　　　　　　　　　　　　　单位：cm

部　　位	身　　高							
	70	80	90	95	100	110	120	130
衣长 L	34	36	38	40	42	45	48	51
胸围 B	62	64	66	68	70	74	78	82
肩宽 S	20	21	22	22.5	24	25	26	27.5
衍　长	34.5	36.5	40	42.5	46	51	56	61
袖口宽CW	17	18	18	19	20	20	22	22

表4-1-30 主要部位尺寸表　　　　　　　　　　　　　　单位：cm

序号	部　　位	身　　高							
		70	80	90	95	100	110	120	130
①	衣　　长	29	31	33	35	37	39.5	42.5	45.5
②	落　　肩	1	1	1	1	1.2	1.2	1.3	1.4
③	前领口深	6	6.5	6.5	6.5	7	7	7.5	8
④	后领口深	2	2	2	2	2.5	2.5	2.5	2.5
⑤	挂肩（直量）	12	12.5	13	13.5	14	15	16	17
⑥	领口宽	5.75	6	6	6.25	6.5	6.75	7	7.25
⑦	$\frac{1}{2}$肩宽	10	10.5	11	11.25	12	12.5	13	13.75

（续表）

序号	部 位	身 高							
		70	80	90	95	100	110	120	130
⑧	$\frac{1}{4}$ 胸围	15.5	16	16.5	17	17.5	18.5	19.5	20.5
⑨	下摆切替长	20.5	21	21.5	22	22.5	23.5	24.5	25.5
⑩	下摆高	5	5	5	5	5	5.5	5.5	5.5
⑪	门襟长	10	10	10	11	11	12	12	13
⑫	袖口松紧长	13	13	14	14	15	15	16	16
⑬	后育克高	5	5.5	5.5	5.5	6	6	6.5	6.5
⑭	衣片抽褶量	5	5	5	5	5	5	5	5
⑮	袖山抽褶量	4	4	4	4	4	4	4	4
⑯	袖 口	8.5	9	9	9.5	10	10	11	11
⑰	衍 长	34.5	36.5	40	42.5	46	51	56	61
⑱	翻领领高	4.5	5	5	5	5	5.5	5.5	5.5

小翻领宽松上衣基础结构和变化结构如图 4-1-30 所示。

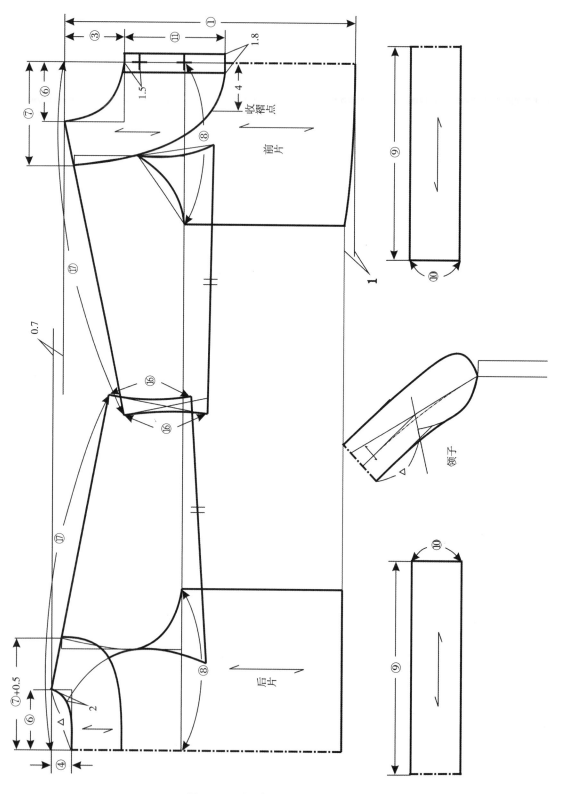

图4-1-30　小翻领宽松上衣结构图（1）

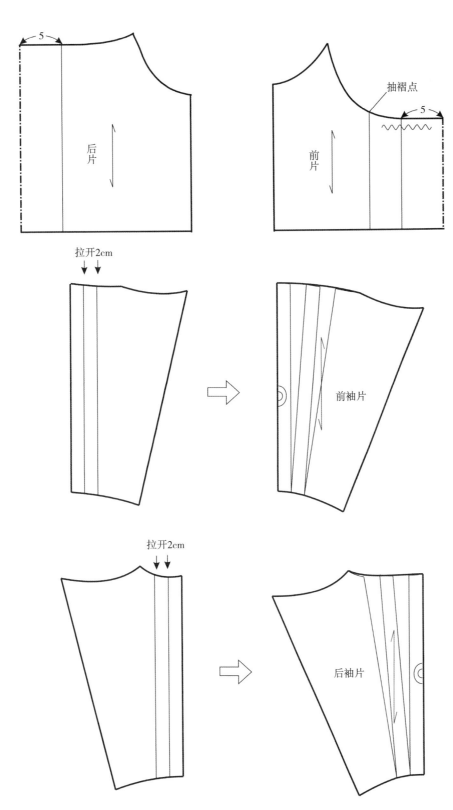

图4-1-30 小翻领宽松上衣结构图（2）

图4-1-31　小方领女衬衫款式图

十六、小方领女衬衫

款式特征

这是一款明门襟小方领女衬衫，前后胸横断处加抽褶，小方领配波浪飞袖。可选用全棉泡泡纱色织布作面料，下摆可局部绣花，款式简洁，适合小童穿着，款式如图4-1-31所示。

成品规格及主要部位尺寸见表4-1-31、表4-1-32。

表4-1-31　成品规格表　　　　单位：cm

部　位	身　高			
	90	100	110	120
衣长 L	37	40	44	48
胸围 B	60	64	70	74
肩宽 S	22	24	26	28

表4-1-32　主要部位尺寸表　　　　单位：cm

序号	部　位	身　高			
		90	100	110	120
①	衣　长	37	40	44	48
②	前领口深	7.5	7.5	8.5	8.5
③	后领口深	1.5	1.5	1.5	1.5
④	挂肩（直量）	13.5	14	15	15.5
⑤	腰　节	23	25	27	29.5
⑥	叠门宽	1.6	1.6	1.6	1.6
⑦	领口宽	6	6.3	6.3	6.5
⑧	$\frac{1}{2}$肩宽	11	12	13	14
⑨	$\frac{1}{4}$胸围	15	16	17.5	18.5
⑩	腰　围	14.2	15.2	16.7	17.7
⑪	摆　围	15.5	16.5	18	19

（续表）

序号	部　位	身　高			
		90	100	110	120
⑫	领　高	5	5	5.5	5.5
⑬	飞　肩	3.5	3.5	4	4
⑭	前上拼	10.5	1	11.5	12
⑮	后上拼	7	7	7.5	7.5
⑯	抽裥量	2	2	2	2

小方领女衬衫基础结构如图 4-1-32 所示。

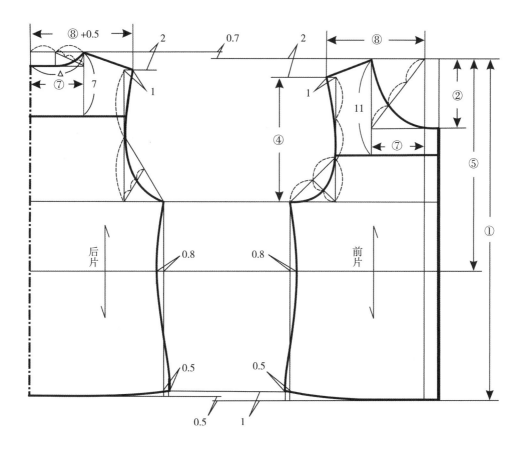

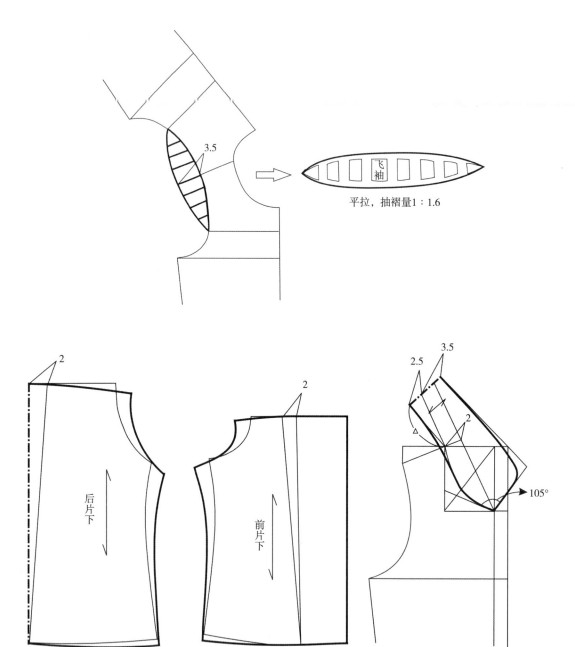

平拉，抽褶量1∶1.6

图4-1-32 小方领女衬衫结构图

十七、翻立领女衬衫

款式特征

这是一款普通型女衬衫，翻立领，袖口加装克夫，前开门六粒扣，左侧明门襟加装抽褶花边，根据花边面料厚薄程度可配一至三层。款式如图4-1-33所示。

成品规格及主要部位尺寸见表4-1-33、表4-1-34。

图4-1-33 翻立领女衬衫款式图

表4-1-33 成品规格表 单位：cm

部 位	身 高		
	130	140	150
衣长L	49	52	55
胸围B	80	84	90
肩宽S	30	32	34
袖长SL	49	52	55
袖口宽CW	17	18	18

表4-1-34 主要部位尺寸表 单位：cm

序号	部 位	身 高		
		130	140	150
①	衣 长	49	52	55
②	落 肩	3.5	3.7	3.9
③	前领口深	7.5	8	8.5
④	后领口深	2	2	2
⑤	挂肩（直量）	16.5	17.5	18.5
⑥	腰 节	31	33.5	36
⑦	领口宽	7	7.25	7.5
⑧	$\frac{1}{2}$肩宽	15	16	17

（续表）

序号	部　位	身　高		
		130	140	150
⑨	$\frac{1}{4}$胸围	20	21	22.5
⑩	腰　围	18.5	19.5	20.5
⑪	摆　围	21	22	23.5
⑫	后过肩	11	11.5	12
⑬	前过肩	3.5	3.5	3.5
⑭	领角宽	6.5	6.5	6.5
⑮	袖　长	43	46	49
⑯	袖　口	21	22	22
⑰	克夫宽	6	6	6
⑱	克夫长	18	19	19
⑲	花边位	23.5	25.5	27.5
⑳	门襟宽	3	3	3

翻立领女衬衫基础结构如图 4-1-34 所示。

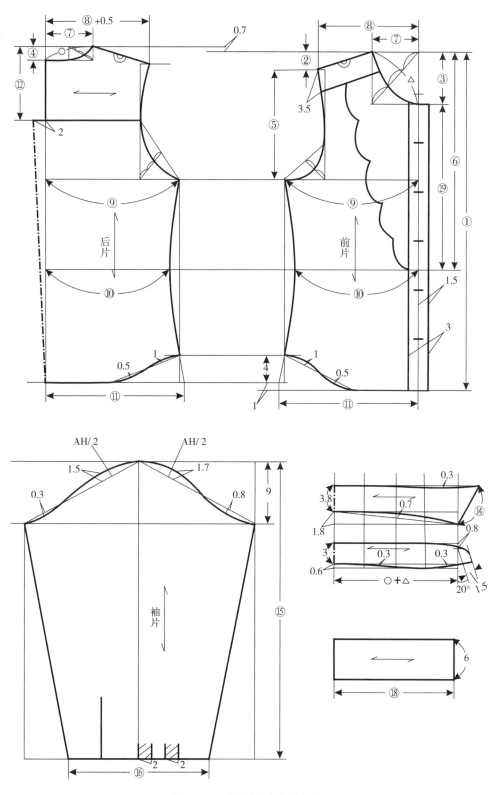

图4-1-34 翻立领女衬衫结构图

十八、双胸袋衬衫

款式特征

这是一款前胸左右各配一方口胸袋，圆下摆的衬衫，长袖装克大，领子可配小领角，翻立领。可配大方格休闲面料作为主料，款式如图4-1-35所示。

成品规格及主要部位尺寸见表4-1-35、表4-1-36。

图4-1-35 双胸袋衬衫款式图

表4-1-35 成品规格表　　　　单位：cm

部 位	身 高			
	90	100	110	120
衣长 L	42	45	49	53
胸围 B	66	70	74	78
肩宽 S	26	28	30	32
袖长 SL	32	35	38	42
袖口宽 CW	16	16	16	16

表4-1-36 主要部位尺寸表　　　　单位：cm

序号	部 位	身 高			
		90	100	110	120
①	衣 长	42	45	49	53
②	落 肩	2.6	2.8	3	3.2
③	前领口深	7.5	7.5	8	8.5
④	后领口深	1.5	1.5	1.5	1.5
⑤	挂肩（直量）	14	15	16	17
⑥	领口宽	6	6.25	6.25	6.5

（续表）

序号	部　位	身　高			
		90	100	110	120
⑦	$\frac{1}{2}$ 肩宽	13	14	15	16
⑧	$\frac{1}{4}$ 胸围	16.5	17.5	18.5	19.5
⑨	前过肩	3	3	3	3
⑩	后过肩	9	9	10	10
⑪	门襟宽	3	3	3	3
⑫	领高（后中）	4.7	4.7	5.2	5.2
⑬	领角宽	5.5	5.5	6	6
⑭	贴袋位	12	13	14	15
⑮	贴袋长	8	8.5	9	9.5
⑯	贴袋宽	8	8.5	9	9.5
⑰	袋盖高	4	4	4.5	4.5
⑱	袖　长	27.5	30.5	33.5	37.5
⑲	袖　口	20	20	20	20
⑳	克夫长	17	17	17	17
㉑	克夫宽	4.5	4.5	4.5	4.5

双胸袋衬衫基础结构如图 4-1-36 所示。

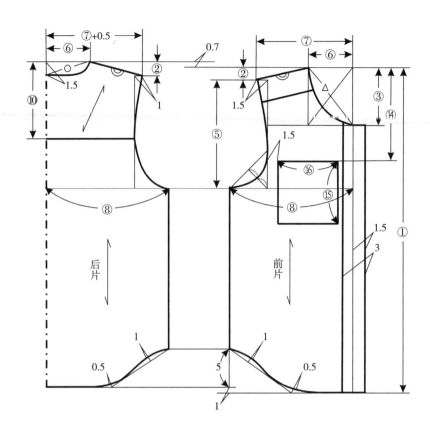

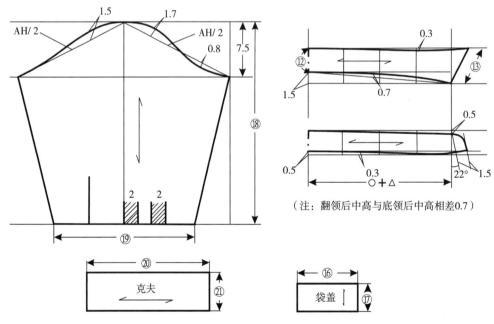

（注：翻领后中高与底领后中高相差0.7）

图4-1-36　双胸袋衬衫结构图

第二节　夹衣类结构制图

一、纽扣吊带背心

款式特征

这是一款双肩带背心，前后衣身抽褶，下摆宽松飘逸，袋口采用斜裁，前后领、袖窿和口袋用斜纹带滚边，并压止口 0.2cm。大身可采用大格面料，款式如图 4-2-1 所示。

成品规格及主要部位尺寸见表 4-2-1、表 4-2-2。

图4-2-1　纽扣吊带背心款式图

表4-2-1　成品规格表　　　　　　　　　　单位：cm

部　位	身　高							
	70	80	90	95	100	110	120	130
衣长 L	35	37	39	41	43	46	49	52
胸围 B	56	58	60	62	64	68	72	76
肩宽 S	20	20.5	20.5	21	21.5	22	22.5	23

表4-2-2　主要部位尺寸表　　　　　　　　单位：cm

序号	部　位	身　高							
		70	80	90	95	100	110	120	130
①	衣　长	35	37	39	41	43	46	49	52
②	落　肩	2	2	2.1	2.1	2.2	2.2	2.3	2.3
③	前领口深	8.5	8.5	8.5	8.5	9	9.5	10	10.5
④	后领口深	2	2	2	2	2.5	2.5	2.5	2.5
⑤	挂肩（斜量）	12	12.5	13	13.5	14	15	16	17

（续表）

序号	部　位	身　高							
		70	80	90	95	100	110	120	130
⑥	领口宽	6	6.25	6.25	6.5	6.75	7	7.25	7.5
⑦	$\frac{1}{2}$ 肩宽	10	10.25	10.25	10.5	10.75	11	11.25	11.5
⑧	后过肩宽	6	6	6.5	6.5	7	7.5	8	8.5
⑨	$\frac{1}{4}$ 胸围	14	14.5	15	15.5	16	17	18	19
⑩	下摆宽	18	20	20.5	21	21.5	22.5	23.5	24.5
⑪	口袋高	8	8	8.5	8.5	9	9	9.5	9.5
⑫	口袋宽	8.5	8.5	9	9	9.5	9.5	10	10
⑬	袋口位a	12	12.5	13	13.5	14	14.5	15.5	16
⑭	袋口位b	13.5	14	14.5	15	15.5	16	16.5	17
⑮	冲　肩	1	1	1	1	1	1	1	1

纽扣吊带背心基础结构如图 4-2-2 所示。

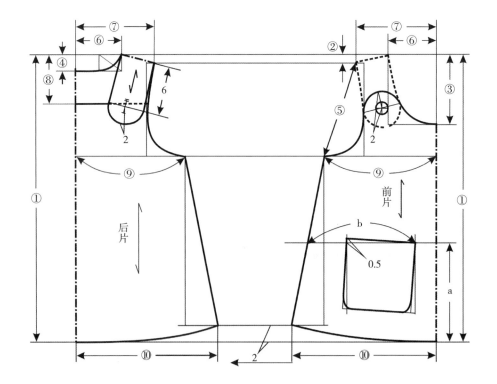

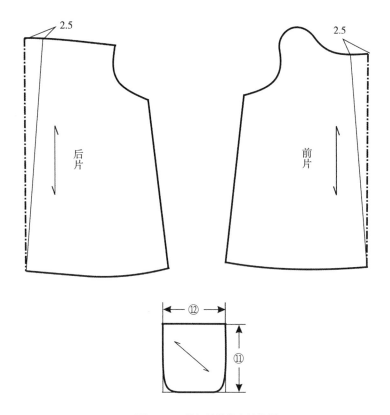

图4-2-2 纽扣吊带背心结构图

二、风帽拉链衫（一）

款式特征

这是一款前开门装树脂拉链的风帽衫，插肩长袖，配低领座风帽。表层面料用含绗缝棉的印花布，里料用涤纶丝的里绸，帽口、门襟、下摆、袖口、袋口边加装 1cm 滚边，款式如图 4-2-3 所示。

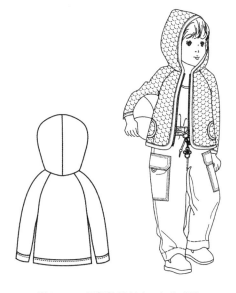

图4-2-3 风帽拉链衫（一）款式图

成品规格及主要部位尺寸见表4-2-3、表4-2-4。

表4-2-3 成品规格表   单位: cm

部位	身高					
	80	90	95	100	110	120
衣长 L	37	39	41	43	46	49
胸围 B	65	68	71	74	78	82
衍长	38	42	44	47.5	52.5	57.5
袖口宽 CW	11	11	11.5	11.5	12	12

表4-2-4 主要部位尺寸表   单位: cm

序号	部位	身高					
		80	90	95	100	110	120
①	衣长	37	39	41	43	46	49
②	落肩	1.1	1.2	1.2	1.3	1.4	1.5
③	前领口深	5	5	5.5	6	6.5	7
④	后领口深	1.5	1.5	1.5	1.5	1.5	1.5
⑤	挂肩（直量）	12.5	13	13.5	14	15	16
⑥	领口宽	7	7.25	7.5	7.75	8	8.25
⑦	肩宽	11.5	12	12.5	13	14	15
⑧	$\frac{1}{4}$ 胸围	16.25	17	17.75	18.5	19.5	20.5
⑨	摆围	15.75	16.5	17.25	18	19	20
⑩	袋长	9	9.5	9.5	10	10	11
⑪	袋宽	3	3	3	3.5	3.5	3.5
⑫	帽宽	18	19	19.5	20	21	22
⑬	帽长	27	28	28.5	29	30	31
⑭	拉链长	28.5	30.5	32	33.5	36	38.5
⑮	衍长	38	42	44	47.5	52.5	57.5
⑯	袖口	11	11	11.5	11.5	12	12

风帽拉链衫（一）基础结构如图 4-2-4 所示。

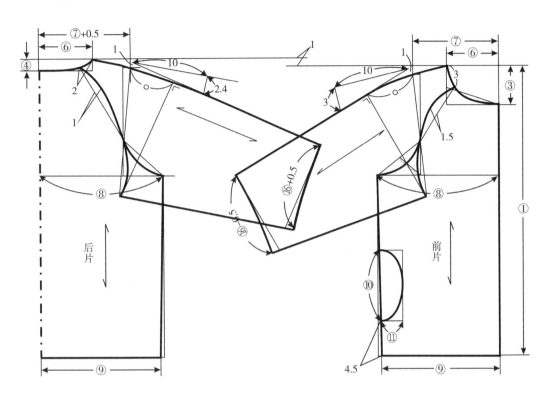

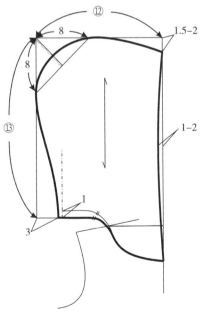

图4-2-4 风帽拉链衫（一）结构图

三、风帽拉链衫（二）

图4-2-5　风帽拉链衫（二）款式图

款式特征

这是一款针织提花布拉链衫，袋口设计独特，采用印花汗布搭配。袖口、下摆采用1+1弹力罗纹布，工艺设计时，袋口需套结加固，款式如图4-2-5所示。

成品规格及主要部位尺寸见表4-2-5、表4-2-6。

表4-2-5　成品规格表　　　　单位：cm

部　位	身　高						
	80	90	95	100	110	120	130
衣长 L	33	35	37	39	42	45	48
胸围 B	58	60	62	64	68	72	76
肩宽 S	23	24	25	26	28	30	32
袖长 SL	26	28.5	31	33	36	39	42
袖口宽 CW	18	18	19	20	20	22	22

表4-2-6　主要部位尺寸表　　　　单位：cm

序号	部　位	身　高						
		80	90	95	100	110	120	130
①	衣　长	28	30	32	33	36	39	42
②	落　肩	2.3	2.4	2.5	2.6	2.8	3	3.2
③	前领口深	5	5	5	5.5	5.5	6	6.5
④	后领口深	2.5	2.5	2.5	2.5	2.5	2.5	2.5
⑤	挂肩（直量）	12.5	13	13.5	14	15	16	17
⑥	领口宽	6.75	6.75	7	7.25	7.5	7.75	8
⑦	$\frac{1}{2}$肩宽	11.5	12	12.5	13	14	15	16
⑧	$\frac{1}{4}$胸围	14.5	15	15.5	16	17	18	19
⑨	下摆罗纹宽	13.5	14	14,5	15	16	17	18
⑩	下摆罗纹高	5	5	5	6	6	6	6

（续表）

序号	部 位	身 高						
		80	90	95	100	110	120	130
⑪	袖口罗纹宽	12	13	13	14	14	15	15
⑫	袖口罗纹高	4	4	4	5	5	5	5
⑬	袖 口	18	18	19	20	20	22	22
⑭	袖 长	22	24.5	27	28	31	34	37
⑮	袋口尺寸a	10	10	10	11	11	13	13
⑯	袋口尺寸b	14.5	15	15.5	16	17	18	19
⑰	袋口尺寸c	5.5	5.5	5.75	6	6.5	7	7.5
⑱	袋口尺寸d	5	5	5	5.5	5.5	6.5	6.5
⑲	帽 长	26	26	26.5	27	28	29	30
⑳	帽 宽	19	19	19.5	20	21	22	23

风帽拉链衫（二）基础结构如图 4-2-6 所示。

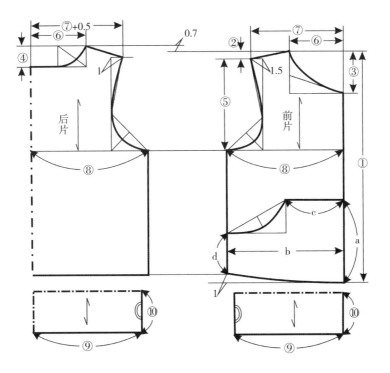

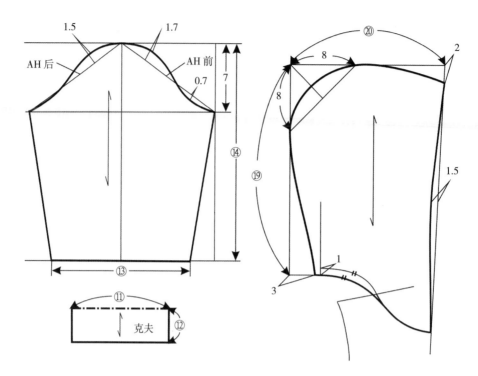

图4-2-6　风帽拉链衫（二）结构图

四、风帽拉链衫（三）

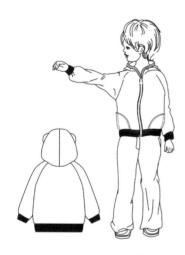

图4-2-7　风帽拉链衫（三）款式图

款式特征

这是一款前开门装拉链的风帽衫，插肩袖，袖口下摆配双层2+2氨纶罗纹边。款式的最大特点是在风帽上配两个耳朵，使得服装外形活泼风趣。面料可选针织毛圈印花布，拉链用树脂开门拉链，款式如图4-2-7所示。

成品规格及主要部位尺寸见表4-2-7、表4-2-8。

表4-2-7　成品规格表　　　单位：cm

部　位	身　高		
	70	80	90
衣长 L	32	35	37
胸围 B	55	58	61
肩宽 S	22	23	24
衍　长	33	37	41
袖口宽 CW	17	17	18

表4-2-8 主要部位尺寸表　　　　　　　　　　　　　　单位：cm

序号	部 位	身 高		
		70	80	90
①	衣 长	28	31	33
②	落 肩	1	1.1	1.2
③	前领口深	5.5	6	6
④	后领口深	2	2.5	2.5
⑤	挂肩（直量）	12	12.5	13
⑥	领口宽	6.25	6.5	6.5
⑦	$\frac{1}{2}$肩宽	11	11.5	12
⑧	$\frac{1}{4}$胸围	13.75	14.5	15.25
⑨	衍 长	30	34	38
⑩	袖 口	8.5	8.5	9
⑪	下摆罗纹宽	12.25	13	13.75
⑫	下摆罗纹高	4	4	4
⑬	袖口罗纹宽	12	12	13
⑭	袖口罗纹高	3	3	3
⑮	口袋宽	10	10.5	10.5
⑯	口袋长	12	13	13
⑰	帽 长	25	26	26
⑱	帽 宽	17	18	18
⑲	耳朵定位	4	4	4

风帽拉链衫（三）基础结构如图 4-2-8 所示。

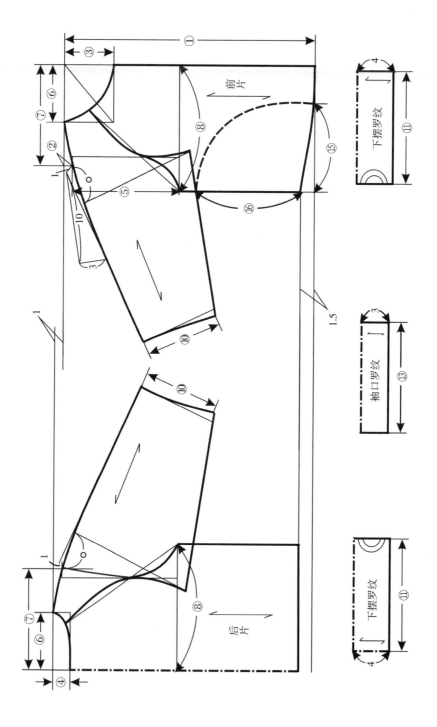

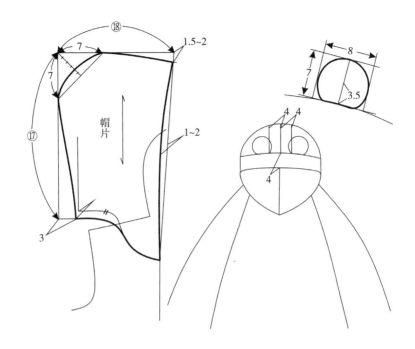

图4-2-8 风帽拉链衫（三）结构图

五、风帽拉链衫（四）

款式特征

这是一款前开门装拉链，前衣身局部卡通印绣处理的风帽拉链衫。款式变化之处就是可将长袖变成袖口翻折的短袖针织衫，款式如图 4-2-9 所示。

成品规格及主要部位尺寸见表 4-2-9、表 4-2-10。

图4-2-9 风帽拉链衫（四）款式图

表4-2-9 成品规格表

单位：cm

部 位	身 高		
	80	90	95
衣长 L	35	37	39
胸围 B	61	63	65

（续表）

部 位	身 高		
	80	90	95
肩宽 S	23.5	24.5	25.5
袖长SL	26	20	31.5
袖口宽CW	17	18	19

表4-2-10 主要部位尺寸表　　　　　单位：cm

序号	部 位	身 高		
		80	90	95
①	衣 长	35	37	39
②	落 肩	2.0	2.1	2.2
③	前领口深	5	5.2	5.5
④	后领口深	2	2	2
⑤	挂肩（直量）	12.5	13	13.5
⑥	领口宽	6	6.25	6.5
⑦	$\frac{1}{2}$ 肩宽	11.75	12.25	12.75
⑧	$\frac{1}{4}$ 胸围	15.25	15.75	16.25
⑨	袖 长	26	29	31.5
⑩	袖 口	17	18	19
⑪	袖襻高	10	10.5	12
⑫	袖襻长	14	15	17
⑬	袖襻毛长	20	21	23
⑭	帽 长	24.2	24.7	25.2
⑮	帽 宽	17.5	18	18.5
⑯	拉链长	29	31	32.5

风帽拉链衫（四）基础结构如图 4-2-10 所示。

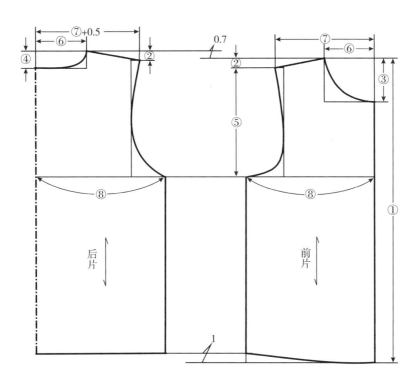

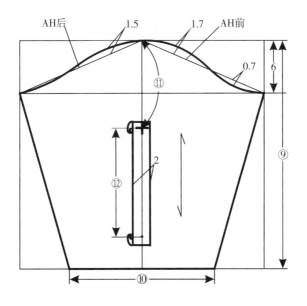

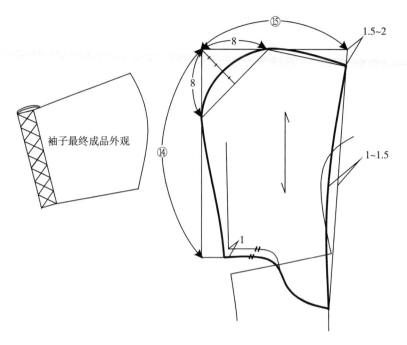

袖子最终成品外观

图4-2-10 风帽拉链衫（四）结构图

图4-2-11 风帽拉链衫（五）款式图

六、风帽拉链衫（五）

款式特征

这是一款前开门装树脂拉链，长袖配罗纹袖口和罗纹下摆的风帽衫。面料采用针织摇粒绒，帽里用针织印花汗布。款式的变化之一是缱袖和拼帽缝用三针五线合缝，以达到表面装饰效果，款式如图 4-2-11 所示。

成品规格及主要部位尺寸见表4-2-11、表4-2-12。

表4-2-11 成品规格表　　　　　　　　　　　单位：cm

部　位	身　高			
	100	110	120	130
衣长 L	43	46	48	51
胸围 B	68	72	76	80
肩宽 S	28	30	32	34
袖长 SL	36	39	43	47
袖口宽 CW	20	20	22	22

表4-2-12 主要部位尺寸表　　　　　　　　　单位：cm

序号	部　位	身　高			
		100	110	120	130
①	衣　长	38	41	42.5	45.5
②	落　肩	2.5	2.7	2.9	3.1
③	前领口深	5.5	6	6.5	7
④	后领口深	2.5	2.5	2.5	2.5
⑤	挂肩(斜量)	15	16	17	18
⑥	领口宽	6.75	7	7.25	7.5
⑦	$\frac{1}{2}$肩宽	14	15	16	17
⑧	$\frac{1}{4}$胸围	17	18	19	20
⑨	下摆罗纹宽	14	15	16	17
⑩	下摆罗纹高	5	5	5.5	5.5
⑪	袋　长	13.2	14.2	14.2	14.2
⑫	袋宽a	8.4	8.9	8.9	8.9
⑬	袋宽b	9.9	10.9	10.9	10.9
⑭	袖　长	31	34	37.5	41.5
⑮	袖　口	20	20	22	22
⑯	袖口罗纹宽	14	16	16	19
⑰	袖口罗纹高	5	5	5.5	5.5
⑱	帽　长	28	29	30	31
⑲	帽　宽	21	22	23	23

风帽拉链衫（五）基础结构如图4-2-12所示。

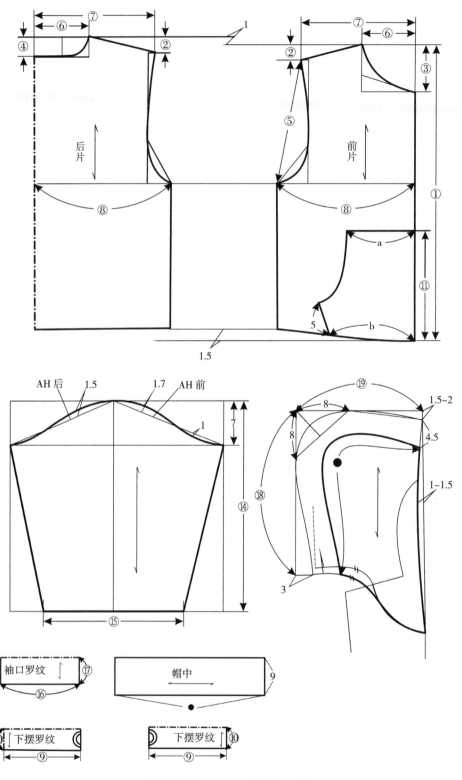

图4-2-12 风帽拉链衫（五）结构图

七、T恤型风帽衫

款式特征

这是一款长袖配袖口罗纹和下摆罗纹的风帽衫。T恤型半开襟,由于门襟宽度较大,用纱绳做成套结相互盘扣,既实用又美观,款式如图4-2-13所示。

成品规格及主要部位尺寸见表4-2-13、表4-2-14。

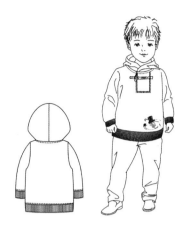

图4-2-13 T恤型风帽衫款式图

表4-2-13 表成品规格表
单位: cm

部 位	身 高		
	80	90	95
衣长 L	35	37	39
胸围 B	59	61	63
肩宽 S	23	24	25
袖长SL	26.5	29.5	32
袖口宽CW	18	18	19

表4-2-14 主要部位尺寸表
单位: cm

序号	部 位	身 高		
		80	90	95
①	衣 长	29.5	31.5	33.5
②	落 肩	2	2.1	2.2
③	前领口深	5	5	5.3
④	后领口深	2	2	2
⑤	挂肩(直量)	13	13.5	14
⑥	领口宽	7.5	7.75	8
⑦	$\frac{1}{2}$ 肩宽	11.5	12	12.5

（续表）

序号	部 位	身　高		
		80	90	95
⑧	$\frac{1}{4}$ 胸围	14.75	15.25	15.75
⑨	下摆高	5.5	5.5	5.5
⑩	下摆宽	12.5	13	13.5
⑪	门襟长	11	11	11.5
⑫	门襟宽	3.4	3.4	3.4
⑬	袖　长	21.5	24.5	27
⑭	袖　口	18	18	19
⑮	袖罗纹高	5	5	5
⑯	袖罗纹宽	13	13.5	14
⑰	帽　长	27	27.5	28
⑱	帽　宽	20.5	21	21.5

T恤型风帽衫基础结构如图4-2-14所示。

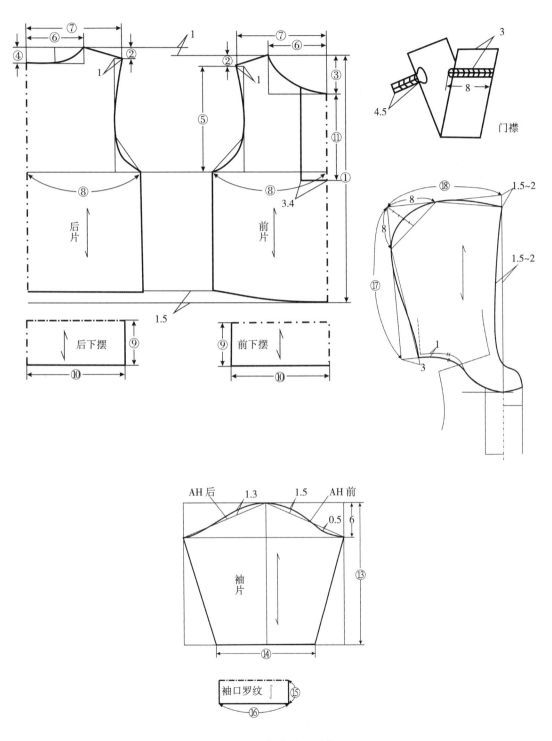

图4-2-14　T恤型风帽衫结构图

图4-2-15　女大衣款式图

八、女大衣

款式特征

这是一款女秋大衣，采用斜纹呢料，大翻领，前开门内装暗扣，大身左右装有袋盖挖袋。长袖、袖口采用拼接处理，后腰系腰带。里料可用压花涤丝纺，内衬中空棉，款式如图4-2-15所示。

成品规格及主要部位尺寸见表4-2-15、表4-2-16。

表4-2-15　成品规格表　　　　　　单位：cm

部　位	身　高			
	90	100	110	120
衣长L	41	45	49	53
胸围B	68	72	78	82
肩宽S	24	26	28	30
袖长SL	31	34	38	42
袖口宽CW	23	24	25	26

表4-2-16　主要部位尺寸表　　　　　　单位：cm

序号	部　位	身　高			
		90	100	110	120
①	衣　长	41	45	49	53
②	落　肩	2.4	2.6	2.8	3
③	前领口深	7.5	7.5	8	8
④	后领口深	1.5	1.5	1.5	1.5
⑤	挂肩（直量）	15	16	17	18
⑥	腰　节	24	26	28	30
⑦	叠门宽	3.5	3.5	3.5	3.5
⑧	领口宽	7.25	7.5	7.75	8
⑨	$\frac{1}{2}$ 肩宽	12	13	14	15

（续表）

序号	部 位	身 高			
		90	100	110	120
⑩	$\frac{1}{4}$ 胸围	17	18	19.5	20.5
⑪	腰 围	16.5	17	18	19
⑫	摆围（加褶后）	20.5	21.5	23	24
⑬	袋盖高	5.5	5.5	5.5	5.5
⑭	袋盖宽	10	10	10	10
⑮	腰带长	27	28	29	30
⑯	腰带宽	3.5	3.5	3.5	3.5
⑰	袖 长	31	34	38	42
⑱	袖 口	23	24	25	26
⑲	袖口拼高	8	8	8	8
⑳	领 宽	9	9	9	9

女大衣基础结构如图 4-2-16 所示。

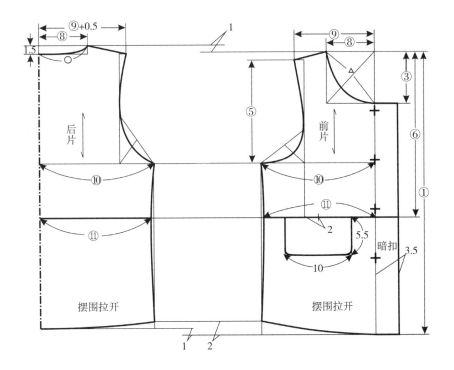

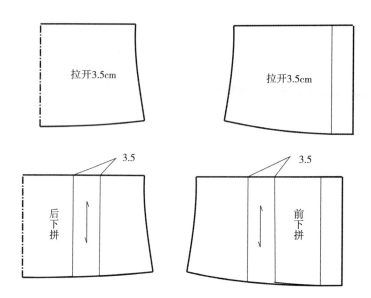

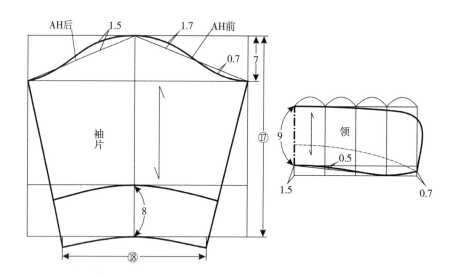

图4-2-16 女大衣结构图

九、插袋夹克

款式特征

这是一款长袖夹克，前开门装拉链，宽门襟，门襟上下口钉揿纽。腰部和底摆内装绳带，为方便调节，绳带两头装弹簧扣。袋口做宽嵌条的斜插袋，以方便两手进出，风帽外口内装弹力绳，以调节松紧，款式如图4-2-17所示。

成品规格及主要部位尺寸见表4-2-17、表4-2-18。

图4-2-17 插袋夹克款式图

表4-2-17 成品规格表　　　　　　　　　单位：cm

部 位	身 高			
	90	100	110	120
衣长 L	43	47	51	55
胸围 B	66	70	74	78
肩宽 S	23	25	27	29
袖长 SL	33	37	41	45
袖口宽 CW	21	21	22	22

表4-2-18 主要部位尺寸表　　　　　　　　　单位：cm

序号	部 位	身 高			
		90	100	110	120
①	衣 长	43	47	51	55
②	落 肩	1.2	1.3	1.4	1.5
③	前领口深	6.5	6.5	7	7
④	后领口深	2	2	2	2
⑤	挂 肩	14	15	16	17
⑥	领口宽	7	7	7.25	7.25
⑦	$\frac{1}{2}$ 肩宽	11.5	12.5	13.5	14.5
⑧	$\frac{1}{4}$ 胸围	16.5	17.5	18.5	19.5
⑨	腰 节	22	24	26	28
⑩	腰 围	16	17	18	19
⑪	摆 围	23.5	24.5	25.5	26.5

（续表）

序号	部 位	身 高			
		90	100	110	120
⑫	插袋长	10	11	12	13
⑬	插袋宽	2.5	3	3.5	4
⑭	插袋位a	4	5	6	7
⑮	插袋位b	3.5	3.5	4	4
⑯	插袋位c	1.8	1.8	2	2
⑰	门襟宽	5	5	5	5
⑱	帽 长	31	32	33	34
⑲	帽 宽	22	23	24	25
⑳	袖 长	27.5	31.5	35.5	39.5
㉑	袖口宽	10.5	10.5	11	11
㉒	袖口高	5.5	5.5	5.5	5.5

插袋夹克基础结构如图 4-2-18 所示。

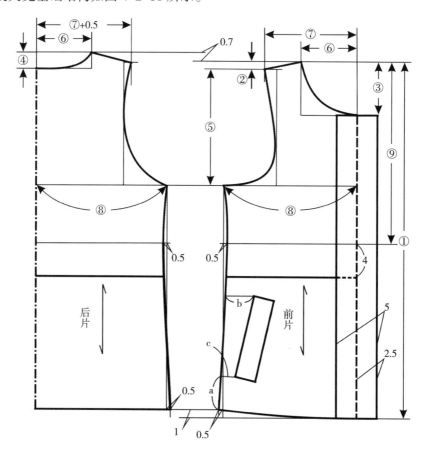

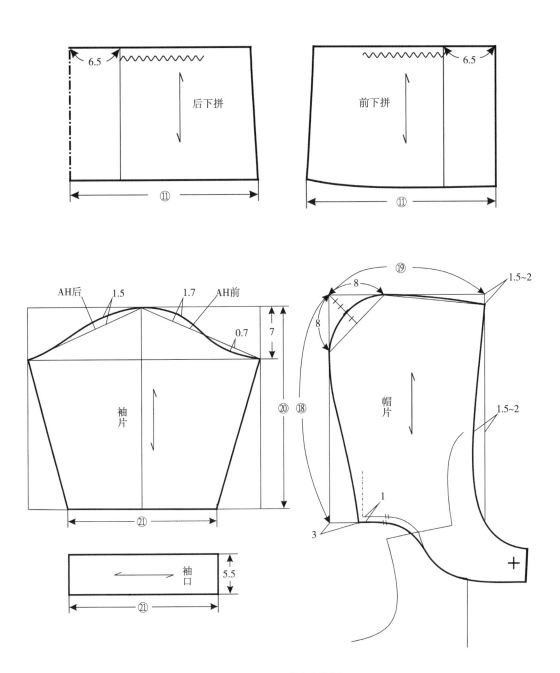

图4-2-18　插袋夹克结构图

第三节 棉衣类结构制图

一、贴袋棉背心

款式特征

这是一款前开门装拉链，横机领，罗纹下摆的贴袋棉背心，前衣片左右各配立体袋一只，后身加装袋盖作为装饰，所有袋盖上钉拷纽。袖窿口加装2cm罗纹边，大身可用涂层面料，夹层可配中空棉，款式如图4-3-1所示。

成品规格及主要部位尺寸见表4-3-1、表4-3-2。

图4-3-1 贴袋棉背心款式图

表4-3-1 成品规格表　　　　　　　　　　　　单位：cm

部　位	身　高			
	90	100	110	120
衣长 L	37	40	43	46
胸围 B	72	76	80	84
肩宽 S	29	31	33	35

表4-3-2 主要部位尺寸表　　　　　　　　　　　单位：cm

序号	部　位	身　高			
		90	100	110	120
①	衣　长	32	35	38	41
②	落　肩	2.4	2.6	2.8	3
③	前领口深	6.5	7	7.5	8
④	后领口深	2	2	2	2
⑤	挂肩（直量）	15	16	17	18
⑥	领口宽	8.25	8.5	8.75	9
⑦	$\frac{1}{2}$ 肩宽	14.5	15.5	16.5	17.5
⑧	$\frac{1}{4}$ 胸围	18	19	20	21

（续表）

序号	部 位	身 高			
		90	100	110	120
⑨	摆 围	18	19	20	21
⑩	袋 高	10	11	12	13
⑪	袋 宽	10	11	12	13
⑫	袋盖高	4	4.5	5	5.5
⑬	下摆罗纹宽	15	16	17	18
⑭	下摆罗纹高	5	5	5	5
⑮	后袋盖高	4.5	5	5.5	6
⑯	后袋盖宽	13	14	15	16
⑰	领 高	6	6	6	6

贴袋棉背心基础结构如图 4-3-2 所示。

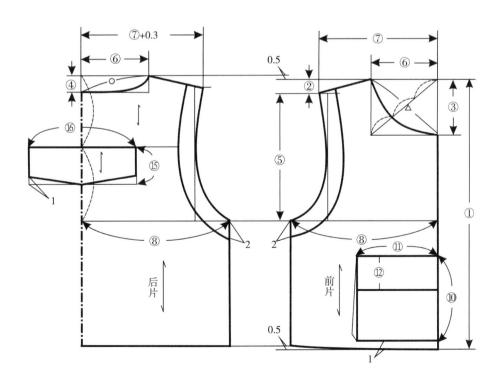

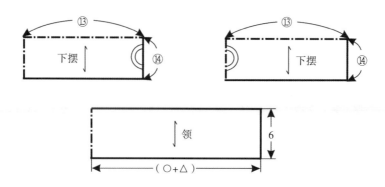

图4-3-2　贴袋棉背心结构图

二、秋冬夹克

款式特征

图4-3-3　秋冬夹克款式图

这是一款前开门、明门襟、内装树脂拉链的秋冬夹克，前衣身左右各装贴袋一只。横机罗纹领，外配合体风帽。袖口、下摆装横机罗口。明门襟上下、口袋袋口钉拷纽。注意拉链与大身布颜色一致，横机罗纹领、袖口罗纹和下摆罗纹要颜色和花型一致。款式如图 4-3-3 所示。

成品规格及主要部位尺寸见表 4-3-3、表 4-3-4。

表4-3-3　成品规格表　　　　　　　　　　　　　　单位：cm

部　位	身　高			
	90	100	110	120
衣长 L	38	42	45	49
胸围 B	68	72	76	80
肩宽 S	29	31	33	35
袖长 SL	30	34	38	42
袖口宽 CW	20	22	22	24

表4-3-4 主要部位尺寸表 单位：cm

序号	部位	身高			
		90	100	110	120
①	衣　长	33	37	40	44
②	落　肩	2.4	2.5	2.6	2.7
③	前领口深	7	7	7.5	7.5
④	后领口深	2	2	2	2
⑤	挂肩（直量）	16	17	18	19
⑥	领口宽	8	8.25	8.5	8.75
⑦	$\frac{1}{2}$肩宽	14.5	15.5	16.5	17.5
⑧	$\frac{1}{4}$胸围	17	18	19	20
⑨	门襟宽	5	5	5	5
⑩	下摆围罗纹高	5	5	5	5
⑪	下摆围罗纹宽	14.5	15	16	17
⑫	下摆前拼宽	5	5	5	5
⑬	袋　长	9	10	11	12
⑭	袋　宽	8.5	9.5	10.5	11.5
⑮	袋口宽	2	2	2	2
⑯	帽　长	29	30	31	32
⑰	帽　宽	21	21.5	22	22.5
⑱	罗纹领高	5	5	5	5
⑲	帽中拼宽	9	9	9	9
⑳	袖　长	25	29	33	37
㉑	袖　口	22	24	24	26
㉒	袖罗纹宽	15	15	16	16
㉓	袖罗纹高	5	5	5	5

秋冬夹克基础结构如图 4-3-4 所示。

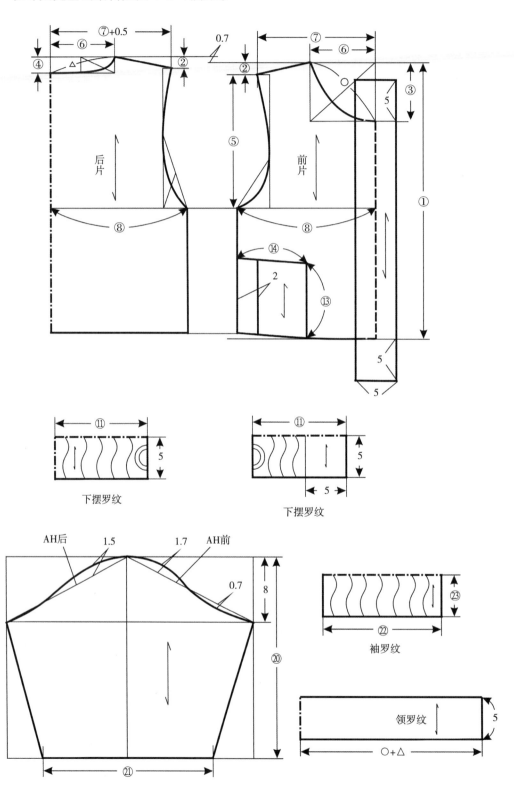

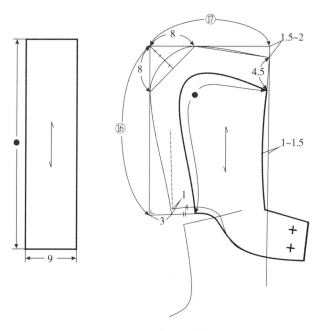

图4-3-4 秋冬夹克结构图

三、男式可脱卸棉服

款式特征

这是一款前开门，明门襟内装拉链，翻领外配风帽，长袖加装袖罗口，左右前身装有盖贴袋，内配脱卸式棉衣的男式棉服。大身可用涂层防水面料，内脱卸棉衣用绗缝中空棉。里料、脱卸棉衣颜色要与大身一致，外衣用树脂拉链，棉内衣用普通拉链头。棉内衣领口、袖口、下摆处钉纽扣，以联接内外层，款式如图4-3-5所示。

成品规格及主要部位尺寸见表4-3-5、表4-3-6。

图4-3-5 男式可脱卸棉服款式图

表4-3-5 成品规格表 单位：cm

部 位	身 高			
	90	100	110	120
衣长 L	43	47	50	54
胸围 B	76	80	84	88
肩宽 S	31	33	35	37
袖长 SL	32	36	40	44
袖口宽 CW	24	25	26	27

表4-3-6 主要部位尺寸表 单位：cm

序号	部 位	身 高			
		90	100	110	120
①	衣 长	43	47	50	54
②	落 肩	2.6	2.7	2.8	2.9
③	前领口深	7	7	7.5	7.5
④	后领口深	1.5	1.5	1.5	1.5
⑤	挂肩（直量）	17	18	19	20
⑥	领口宽	8.25	8.5	8.75	9
⑦	$\frac{1}{2}$ 肩宽	15.5	16.5	17.5	18.5
⑧	$\frac{1}{4}$ 胸围	19	20	21	22
⑨	门襟宽	5	5	5	5
⑩	袋 高	12	12	13	13
⑪	袋 宽	12	12	13	13
⑫	袋盖高	4	4	4	4
⑬	领 高	7	7	7	7
⑭	帽 长	29	30	31	32
⑮	帽 宽	21	21.5	22	22.5
⑯	帽中拼宽	9	9	9	9
⑰	袖 长	27	31	35	39
⑱	袖 口	24	25	26	27
⑲	袖罗纹高	5	5	5	5

序号	部 位	身 高			
		90	100	110	120
⑳	袖罗纹宽	17	17	18	18
㉑	内衣衣长	38	42	45	49
㉒	内衣落肩	1.4	1.5	1.6	1.7
㉓	内衣前领口深	7.5	7.5	8	8
㉔	内衣后领口深	1.5	1.5	1.5	1.5
㉕	内衣挂肩（直量）	15.5	16.5	17.5	18.5
㉖	内衣领口宽	7	7.25	7.5	7.75
㉗	内衣肩宽	14.5	15.5	16.5	17.5
㉘	内衣胸围	17	18	19	20
㉙	内衣袖长	30	34	38	42
㉚	内衣袖口	20	21	22	23

男式可脱卸棉服基础结构如图 4-3-6 所示。

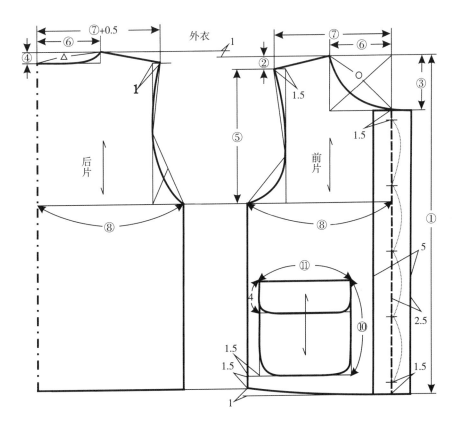

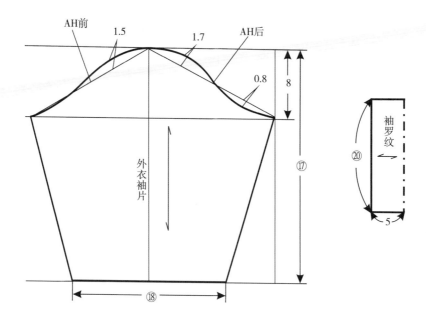

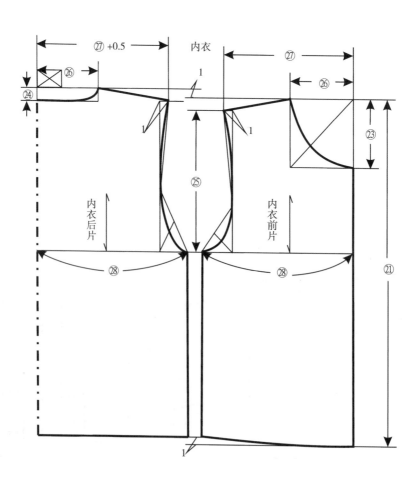

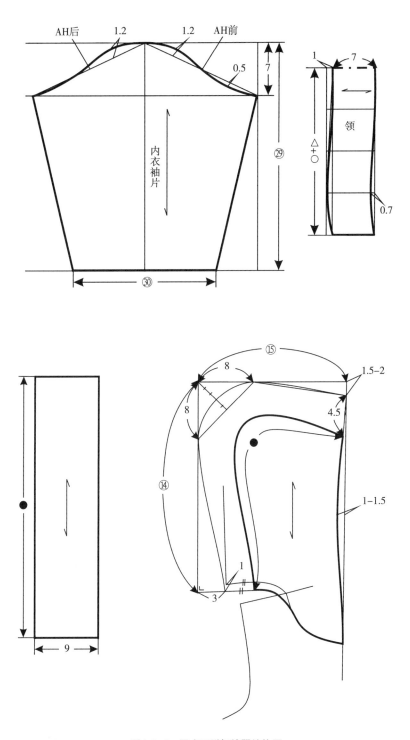

图4-3-6 男式可脱卸棉服结构图

四、女式棉服

图4-3-7 女式棉服款式图

款式特征

这是一款前开门装拉链的女式棉服，明门襟上钉四粒扣，长袖钉袖口纽扣，可通过袖襻调节袖口大小。大身作横向和纵向分割，下摆加抽褶。大翻领，领外口加绳带，左右衣身配有盖挖袋。注意面辅料颜色统一，款式如图 4-3-7 所示。

成品规格及主要部位尺寸见表4-3-7、表 4-3-8。

表4-3-7 成品规格表 单位：cm

部 位	身 高		
	130	140	150
衣长 L	55	59	63
胸围 B	84	90	96
肩宽 S	34	36	38
袖长SL	49	52	56
袖口宽CW	24	25	26

表4-3-8 主要部位尺寸表 单位：cm

序号	部 位	身 高		
		130	140	150
①	衣 长	55	59	63
②	落 肩	2.7	2.8	2.9
③	前领口深	8	8.5	8.5

（续表）

序号	部　位	身　高		
		130	140	150
④	后领口深	2	2	2
⑤	挂肩（直量）	20	21	22
⑥	腰　节	31	33.5	36
⑦	领口宽	9	9.25	9.5
⑧	$\frac{1}{2}$ 肩宽	17	18	19
⑨	$\frac{1}{4}$ 胸围	21	22.5	24
⑩	腰　围	20	21	22
⑪	摆　围	23	24	25
⑫	门襟宽	5.5	5.5	5.5
⑬	下摆高	6	6	6
⑭	袋盖高	4	4	5
⑮	袋盖宽	12	13	13
⑯	袋　位	4	4.5	5
⑰	袖　长	44.5	47.5	51.5
⑱	袖口宽	24	25	26
⑲	袖口高	4.5	4.5	4.5
⑳	领　宽	11	11	11

女式棉服基础结构如图 4-3-8 所示。

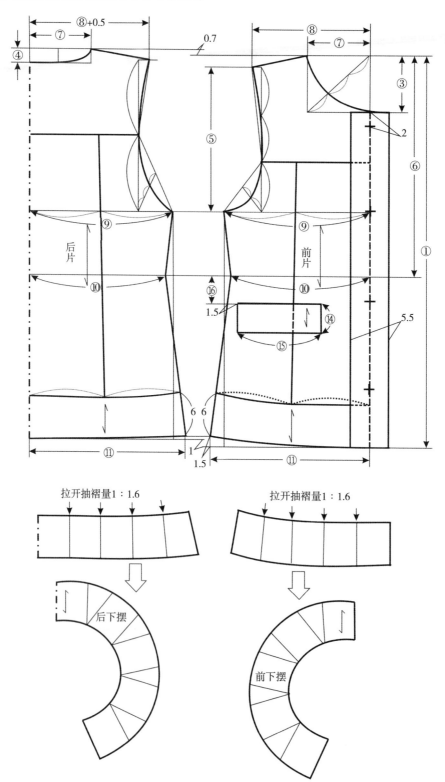

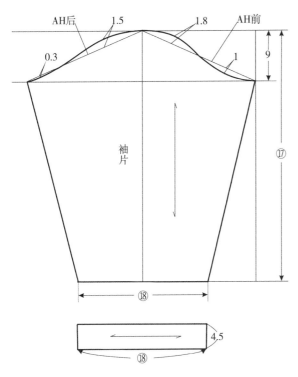

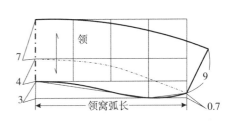

图4-3-8 女式棉服结构图

五、绳扣外套

款式特征

这是一款前开门的绳扣外套，以装饰性强的绳扣作左右衣身的搭襻，为配合整体风格的协调，帽口装帽口襻，袖口加袖襻以调节各自的松紧程度。左右身的大袋以贴袋为主。面料选绒类等保暖面料，上面可印绣花纹，款式如图4-3-9所示。

成品规格及主要部位尺寸见表4-3-9、表4-3-10。

图4-3-9 绳扣外套款式图

表4-3-9 成品规格表   单位：cm

部　位	身　高		
	80	90	95
衣长 L	38	40	42
胸围 B	64	66	68

（续表）

部 位	身 高		
	80	90	95
肩宽 S	25.5	26.5	27.5
袖长 SL	27	30	32.5
袖口宽 CW	21	22	23

表4-3-10 主要部位尺寸表　　　　　　单位：cm

序号	部 位	身 高		
		80	90	95
①	衣　长	38	40	42
②	落　肩	2.3	2.3	2.4
③	前领口深	5.8	6	6.2
④	后领口深	2	2	2
⑤	挂肩（直量）	13.5	14	14.5
⑥	领口宽	6.75	7	7.25
⑦	$\frac{1}{2}$ 肩宽	12.75	13.25	13.75
⑧	$\frac{1}{4}$ 胸围	16	16.5	17
⑨	摆　围	17.25	17.25	18.25
⑩	袋　高	11	11	11
⑪	袋　宽	11.5	11.5	11.5
⑫	袋盖高	5	5	5
⑬	袋盖宽	12	12	12
⑭	袖　长	27	30	32.5
⑮	袖　口	21	22	23
⑯	门襟纱绳长	28	28	28
⑰	帽口襻长	11	11	11
⑱	帽口襻宽	4	4	4
⑲	袖襻长	12	12	12
⑳	袖襻宽	4	4	4
㉑	帽　长	27.5	28	28.5
㉒	帽　宽	18.5	19	19.5

绳扣外套基础结构如图 4-3-10 所示。

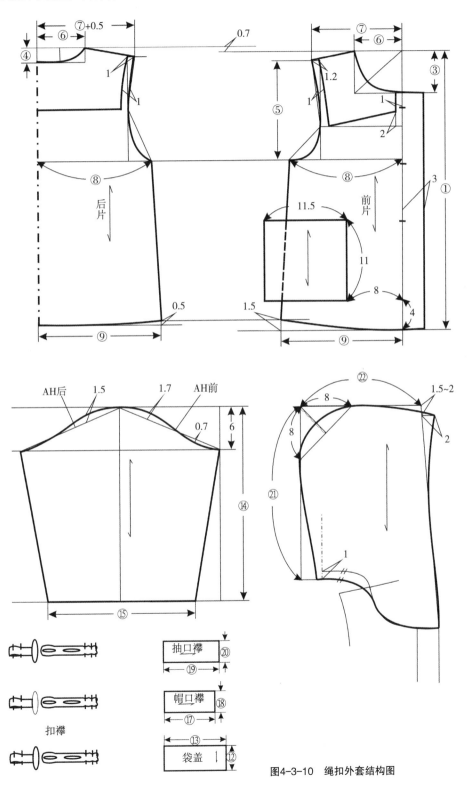

图4-3-10 绳扣外套结构图

图4-3-11 AB版薄棉服款式图

六、AB版薄棉服

款式特征

AB 版服装就是正、反面都可以外穿的一类服装。薄棉服中间加中空棉类，面料可采用色织格类和灯芯绒类面料，但要对条对格和注意倒顺毛。该款前开门，四粒扣，前后过肩，左前胸装圆口胸袋，下摆稍作圆摆处理，款式如图 4-3-11 所示。

成品规格及主要部位尺寸见表 4-3-11、表 4-3-12。

表4-3-11 成品规格表 　　　　单位：cm

部　位	身　高			
	90	100	110	120
衣长 L	43	46	49	52
胸围 B	68	72	76	80
肩宽 S	27	29	31	33
袖长 SL	31	34	37	41
袖口宽 CW	17	17	18	19

表4-3-12 主要部位尺寸表 　　　　单位：cm

序号	部　位	身　高			
		90	100	110	120
①	衣　长	43	46	49	52
②	落　肩	2.3	2.4	2.5	2.6
③	前领口深	7	7	7.5	7.5
④	后领口深	2	2	2	2
⑤	挂肩（直量）	15	16	17	18
⑥	领口宽	6.75	7	7.25	7.5
⑦	$\frac{1}{2}$ 肩宽	13.5	14.5	15.5	16.5
⑧	$\frac{1}{4}$ 胸围	17	18	19	20

（续表）

序号	部 位	身 高			
		90	100	110	120
⑨	后上拼	8	8	9	9
⑩	贴袋位	13.5	14.5	15.5	16.5
⑪	贴袋长	8.5	9	9.5	10
⑫	贴袋宽	8	8.5	9	9.5
⑬	帽　长	29	30	31	32
⑭	帽　宽	21	21.5	22	22.5
⑮	帽中拼	9	9	9	9
⑯	袖　长	27	30	33	37
⑰	袖　口	17	17	18	19
⑱	袖克夫宽	4	4	4	4
⑲	袖克夫长	17	17	18	19

AB 版薄棉服基础结构如图 4-3-12 所示。

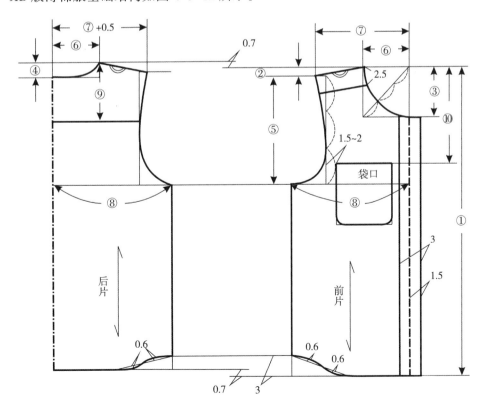

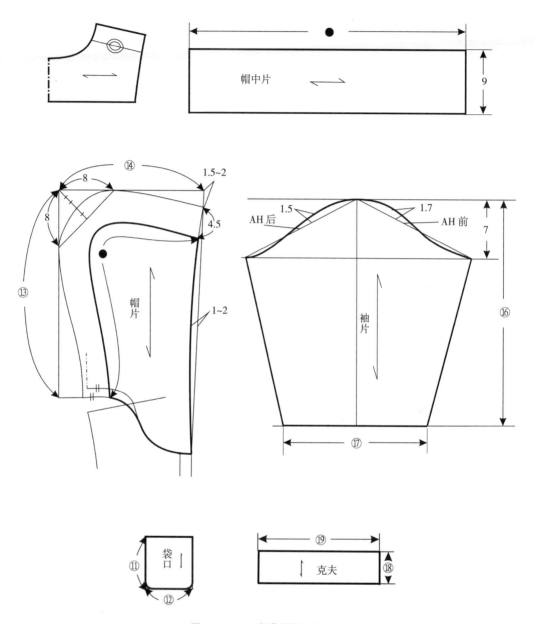

图4-3-12　AB版薄棉服结构图

第四节 羽绒服结构制图

一、风帽羽绒背心

款式特征

这是一款前开门、装拉链、明门襟的羽绒背心，风帽和帽毛可脱卸，无袖，袖窿内拼大身面料，腰部装腰带，并于门襟处加装搭襻扣。羽绒服内安装防绒内胆，大身面料要作防水处理，锁眼要加衬，帽子可用中空棉作内衬，款式如图4-4-1所示。

成品规格及主要部位尺寸见表4-4-1、表4-4-2。

图4-4-1 风帽羽绒背心款式图

表4-4-1 成品规格表　　　　单位：cm

部　位	身　高			
	130	140	150	160
衣长 L	54	58	62	65
胸围 B	84	88	94	98
肩宽 S	31	33	36	38

表4-4-2 主要部位尺寸表　　　　单位：cm

序号	部　位	身　高			
		130	140	150	160
①	衣　长	54	58	62	65
②	落　肩	2.6	2.8	3	3.2
③	前领口深	8	8.5	8.5	9
④	后领口深	2	2	2	2
⑤	挂肩（直量）	19	20	21	22
⑥	领口宽	9.25	9.5	9.75	10
⑦	$\frac{1}{2}$肩宽	15.5	16.5	18	19
⑧	$\frac{1}{4}$胸围	21	22	23.5	24.5
⑨	腰　节	29	31	33	35
⑩	腰　围	20	21	22	23

（续表）

序号	部　位	身　高			
		130	140	150	160
⑪	摆　围	23	24	25.5	26.5
⑫	门襟宽	5	5	5	5
⑬	帽　长	34	35	36	37
⑭	帽　宽	22	23	23.5	24.5
⑮	帽中拼	10	10	11	11
⑯	领　高	5	5	5	5
⑰	袋盖宽	13	13	14	14
⑱	腰带长（含搭襻）	74	78	81	85
⑲	腰带宽	4	4	4	4

风帽羽绒背心基础结构如图 4-4-2 所示。

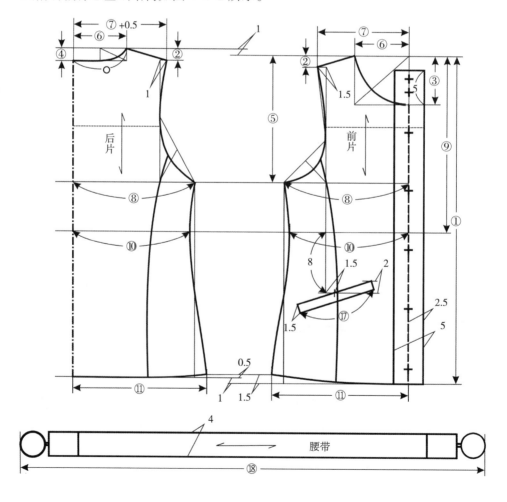

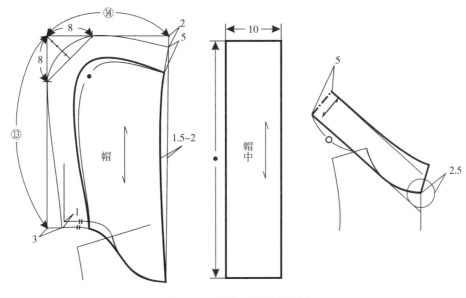

图4-4-2　风帽羽绒背心结构图

二、男短款羽绒服

款式特征

这是一款大身和袖身采用横向彩条进行拼接的羽绒服，领子和下摆采用横机罗纹，其色彩要与大身协调。拉链插袋宜采用竖向开口，拼条一般要求用双层布，并且要注意大身和袖身拼接对齐。风帽前中心处加装四粒拷纽，用于开闭领口，款式如图 4-4-3 所示。

成品规格及主要部位尺寸见表 4-4-3、表 4-4-4。

图4-4-3　男短款羽绒服款式图

表4-4-3　成品规格表

单位：cm

部　位	身　高			
	90	100	110	120
衣长 L	43	46	49	52
胸围 B	78	82	86	90
肩宽 S	31	33	35	37
袖长 SL	32	36	40	44
袖口宽 CW	24	25	26	27

表4-4-4　主要部位尺寸表　　　　　　　　　　　　　单位：cm

序号	部 位	身 高			
		90	100	110	120
①	衣　长	38	41	44	47
②	落　肩	2.5	2.6	2.7	2.8
③	前领口深	6.5	7	7	7.5
④	后领口深	1.5	1.5	1.5	1.5
⑤	挂肩（直量）	17	18	19	20
⑥	领口宽	8.25	8.5	8.75	9
⑦	$\frac{1}{2}$ 肩宽	15.5	16.5	17.5	18.5
⑧	$\frac{1}{4}$ 胸围	19.5	20.5	21.5	22.5
⑨	前拼高a	12.8	13.9	15	16.1
⑩	前拼高b	3.2	3.2	3.2	3.2
⑪	前拼高c	2.5	2.5	2.5	2.5
⑫	后拼高d	与前大身拼缝齐平			
⑬	后拼高e	2.5	2.5	2.5	2.5
⑭	后拼高f	2.5	2.5	2.5	2.5
⑮	胸袋位	15	15	16	16
⑯	袋位高	7	8	9	9
⑰	胸袋宽	7	8	9	9
⑱	插袋位	4	4	4	4
⑲	插袋长	10	11	12	13
⑳	下摆罗纹宽	15.5	16.5	17	18
㉑	袖　长	27	31	35	39
㉒	袖　口	24	25	26	27
㉓	袖罗纹宽	16	16	17	17
㉔	领　高	6	6	6	6
㉕	帽　长	29	30	31	32
㉖	帽　宽	21	21.5	22	22.5

男短款羽绒服基础结构如图 4-4-4 所示。

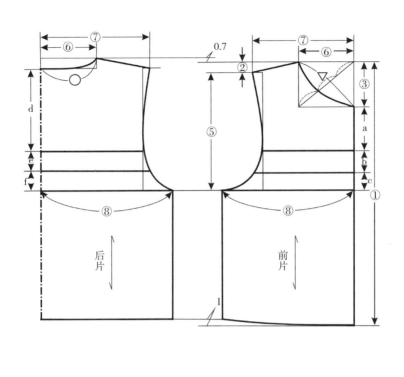

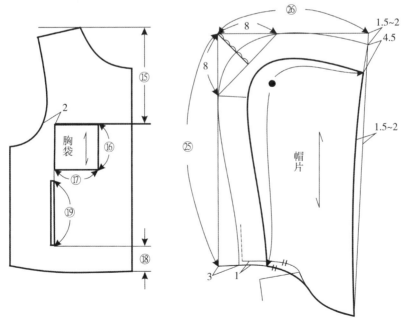

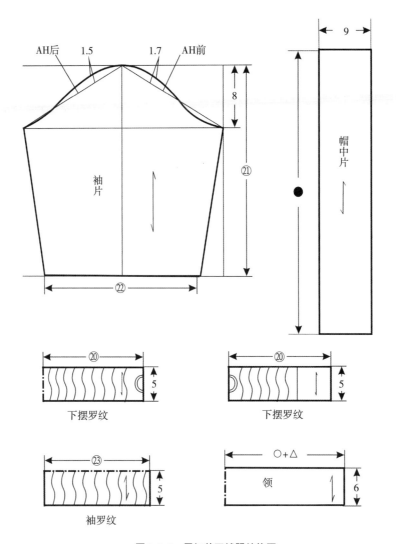

图4-4-4　男短款羽绒服结构图

三、男中长羽绒服

款式特征

图4-4-5　男中长羽绒服款式图

这是一款明门襟内装拉链，大身珠光彩条拼接，左右各配斜口贴袋的中长羽绒服。袖身彩条要与大身彩条拼接对齐，袖口装横机罗纹，领子采用针织横机领。帽毛可用暗纽扣固定在帽子上，门襟、帽口和袋口上钉拷纽。此款式要注意拼条与大身面料颜色的选配和品质一致，款式如图4-4-5所示。

成品规格及主要部位尺寸见表4-4-5、表4-4-6。

表4-4-5 成品规格表　　单位：cm

部　位	身　高			
	90	100	110	120
衣长 L	48	52	56	60
胸围 B	78	82	86	90
肩宽 S	31	33	35	37
袖长SL	32	36	40	44
袖口宽CW	23	24	25	26

表4-4-6 主要部位尺寸表　　单位：cm

序号	部　位	身　高			
		90	100	110	120
①	衣　长	48	52	56	60
②	落　肩	2.5	2.6	2.7	2.8
③	前领口深	6.5	7	7	7.5
④	后领口深	1.5	1.5	1.5	1.5
⑤	挂肩（直量）	17	18	19	20
⑥	领口宽	8.25	8.5	8.75	9
⑦	$\frac{1}{2}$ 肩宽	15.5	16.5	17.5	18.5
⑧	$\frac{1}{4}$ 胸围	19.5	20.5	21.5	22.5
⑨	门襟宽	5	5	5	5
⑩	前拼高1	2.5	2.5	2.5	2.5
⑪	前拼高2	2.5	2.5	2.5	2.5
⑫	前拼高3	2.5	2.5	2.5	2.5
⑬	前拼高4	2.5	2.5	2.5	2.5
⑭	袋　宽	10	11	12	13
⑮	袋高1	9	10	11	12
⑯	袋高2	13	14	15	16

（续表）

序号	部 位	身 高			
		90	100	110	120
⑰	袖 长	27	31	35	39
⑱	袖口罗纹宽	16	16	17	17
⑲	袖 口	23	24	25	26
⑳	袖拼高1	2.5	2.5	2.5	2.5
㉑	袖拼高2	2.5	2.5	2.5	2.5
㉒	袖拼高3	2.5	2.5	2.5	2.5
㉓	袖拼高4	2.5	2.5	2.5	2.5
㉔	领 高	6	6	6	6
㉕	帽 长	29	30	31	32
㉖	帽 宽	21	21.5	22	22.5
㉗	帽中拼宽	9	9	9	9

男中长羽绒服基础结构如图 4-4-6 所示。

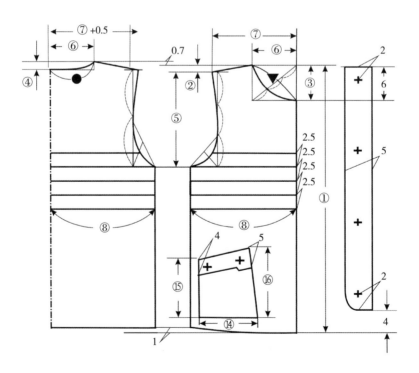

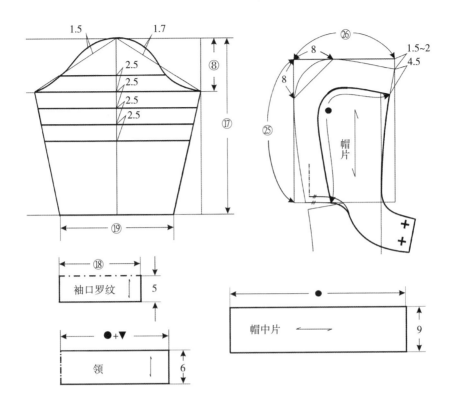

图4-4-6 男中长羽绒服结构图

四、脱卸式羽绒服

款式特征

这是一款可脱卸长款羽绒服，前开门装拉链，宽下摆部分钉纽扣。款式最大变化之处是袖子和下摆可以设计成脱卸式，采用拉链进行连接，方便行走。宽下摆下口摆围要适当增大，前衣身为配合羽绒服的条格花纹选用竖向插袋结构。帽毛用拉链固定在帽口上，帽子填充物为中空棉，大身充鸭绒，保暖而典雅，彰显淑女气质，款式如图 4-4-7 所示。

图4-4-7 脱卸式羽绒服款式图

成品规格及主要部位尺寸见表4-4-7、表4-4-8。

表4-4-7 成品规格表 单位：cm

部 位	身 高		
	130	140	150
衣长L	73	78	83
胸围B	84	90	96
肩宽S	35	37	39
袖长SL	49	52	56
袖口宽CW	26	27	28

表4-4-8 主要部位尺寸表 单位：cm

序号	部 位	身 高		
		130	140	150
①	衣 长	73	78	83
②	落 肩	2.7	2.8	2.9
③	前领口深	8.5	9	9
④	后领口深	2	2	2
⑤	挂肩（直量）	20	21	22
⑥	腰 节	31	33.5	36
⑦	领口宽	9.25	9.5	9.75
⑧	$\frac{1}{2}$肩宽	17.5	18.5	19.5
⑨	$\frac{1}{4}$胸围	21	22.5	24
⑩	腰 围	20	21	22
⑪	摆围（接缝处）	22	23	24
⑫	摆围（下口）	26	27	28.5
⑬	下摆高	28	30	32
⑭	插袋位	4	4.5	4.5
⑮	插袋长	13	14	15
⑯	插袋宽	2.5	2.5	2.5
⑰	袖 长	49	52	56
⑱	袖 口	26	27	28
⑲	领 高	8	8	8
⑳	帽 长	34	35	36
㉑	帽 宽	23	24	25
㉒	帽中拼	10	10	10

脱卸式羽绒服基础结构如图 4-4-8 所示。

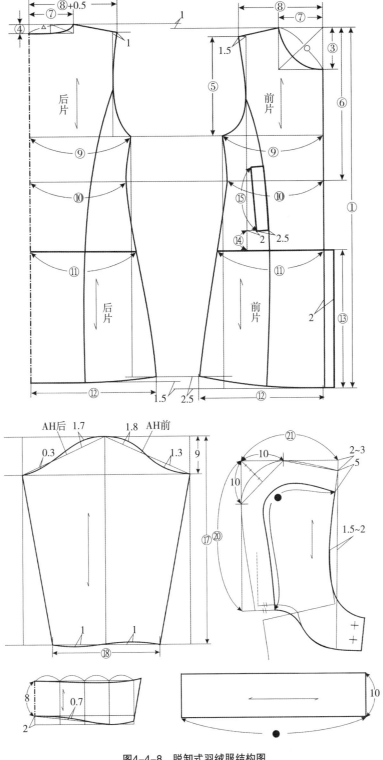

图4-4-8 脱卸式羽绒服结构图

五、防风羽绒服

款式特征

图4-4-9 防风羽绒服款式图

这是一款可脱卸式风帽羽绒服，前开门内装拉链，大身左右各配阴裥贴袋一个。袖口内放1cm宽橡筋以作防风袖口，门襟防风除腰口搭襻和上口二个大搭襻外，另在门襟下口加三个暗拷纽。大身高密涂层面料要求做防风防水处理，帽里衬用中空棉，大身内充鸭绒，拷纽底部加塑料垫片。款式如图4-4-9所示。

成品规格及主要部位尺寸见表4-4-9、表4-4-10。

表4-4-9 成品规格表　　　　单位：cm

部　位	身　高		
	130	140	150
衣长 L	64	68	72
胸围 B	88	92	98
肩宽 S	34	36	39
袖长SL	49	52	56
袖口宽CW	26	27	28

表4-4-10 主要部位尺寸表　　　　单位：cm

序号	部　位	身　高		
		130	140	150
①	衣　长	64	68	72
②	落　肩	2.7	2.8	2.9
③	前领口深	8	8.5	8.5
④	后领口深	2	2	2
⑤	挂肩（直量）	20	21	22
⑥	腰　节	31	33.5	36
⑦	门襟宽	5	5	5

（续表）

序号	部　位	身　　高		
		130	140	150
⑧	领口宽	9.25	9.5	9.75
⑨	$\frac{1}{2}$ 肩宽	17	18	19.5
⑩	$\frac{1}{4}$ 胸围	22	23	24.5
⑪	腰　围	20	21	22
⑫	摆　围	24	25.5	27
⑬	袋　位	38	40	42
⑭	贴袋长	14	15	15
⑮	贴袋宽	14	15	15
⑯	袋盖高	5	5.5	5.5
⑰	袋盖宽	14	15	15
⑱	腰带长	74	78	81
⑲	腰带宽	4	4	4
⑳	袖　长	49	52	56
㉑	袖　口	26	27	28
㉒	袖口襻长	14	14	14
㉓	袖口襻宽	3	3	3
㉔	帽　长	34	35	36
㉕	帽　宽	22	23	24
㉖	帽中拼	10	10	10

防风羽绒服基础结构如图 4-4-10 所示。

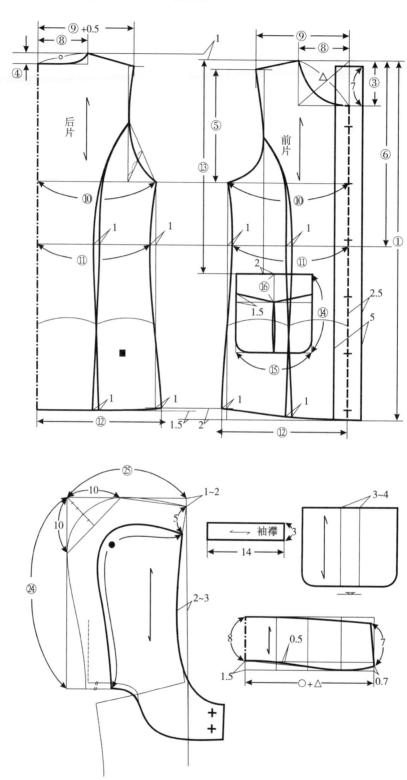

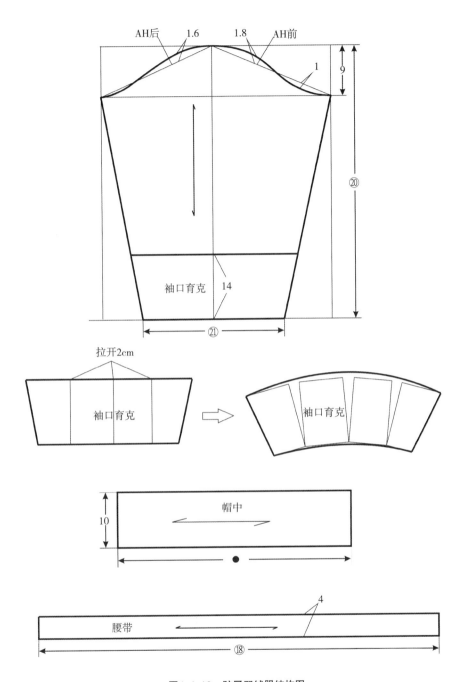

图4-4-10　防风羽绒服结构图

六、女中长羽绒服

图4-4-11　女中长羽绒服款式图

款式特征

这是一款明门襟内装拉链的中长羽绒服，大身左右各一贴袋，门襟钉拷纽，中间装一蝴蝶结，左右袖各搭配一只较小蝴蝶结。袖口内放1cm宽橡筋，做成防风袖口，抽褶宽下摆。大身面料要做防水处理，内充鸭绒，风帽内垫中空棉，帽毛可脱卸，拷纽底部加垫片，锁眼要加衬。款式如图4-4-11所示。

成品规格及主要部位尺寸见表4-4-11、表4-4-12。

表4-4-11　成品规格表　　　　　　　　　　　　　单位：cm

部　位	身　高			
	90	100	110	120
衣长 L	50	55	60	65
胸围 B	70	74	80	84
肩宽 S	26	28	30	32
袖长SL	33	37	41	45
袖口宽CW	23	24	25	26

表4-4-12　主要部位尺寸表　　　　　　　　　　　单位：cm

序号	部　位	身　高			
		90	100	110	120
①	衣　长	50	55	60	65
②	落　肩	2.3	2.4	2.5	2.6
③	前领口深	6.5	7	7	7.5
④	后领口深	2	2	2	2
⑤	挂肩（直量）	16	17	18	19
⑥	腰　节	22	24	26	28
⑦	门襟宽	4	4	4	4
⑧	领口宽	8.25	8.5	8.75	9
⑨	$\frac{1}{2}$肩宽	13	14	15	16
⑩	$\frac{1}{4}$胸围	17.5	18.5	20	21

（续表）

序号	部 位	身 高			
		90	100	110	120
⑪	摆 围	19.5	20.5	21.5	22.5
⑫	下摆高	9	9.5	10	10.5
⑬	贴袋长	11	11	12	12
⑭	贴袋宽	11	11	12	12
⑮	袖 长	33	37	41	45
⑯	袖 口	23	24	25	26
⑰	腰带宽	3.5	3.5	3.5	3.5
⑱	帽 长	29	30	31	32
⑲	帽 宽	21	21.5	22	22.5
⑳	蝴蝶结1长	11	11	11	11
㉑	蝴蝶结1宽	5.5	5.5	5.5	5.5
㉒	蝴蝶结2长	9	9	9	9
㉓	蝴蝶结2宽	4	4	4	4

女中长羽绒服基础结构如图 4-4-12 所示。

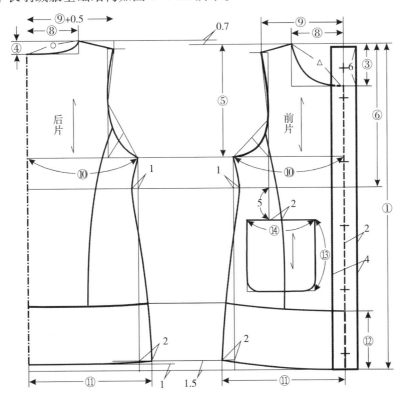

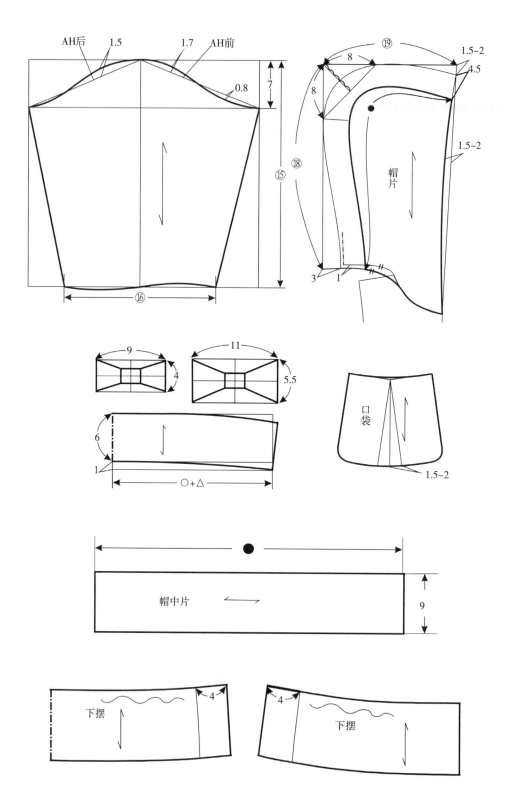

图4-4-12　女中长羽绒服结构图

参考文献

［1］柴丽芳.童装结构设计［M］.北京:中国纺织出版社，2011.

［2］杨佑国，杨娟.图解服装裁剪100例［M］.北京：化学工业出版社，2010.

［3］周雯.童装结构设计［M］.北京：北京师范大学出版社，2010.

［4］马芳，李晓英，侯东昱.童装结构设计与应用［M］.北京：中国纺织出版社，2011.

［5］袁良，倪杰.童装精确打板推板［M］.北京：中国纺织出版社，2011.

［6］吴永元.服装构成基础［M］.哈尔滨：黑龙江教育出版社，2000.

［7］胡强.经典童装结构与设计［M］.上海：上海科学技术出版社，2009.

［8］马芳，侯东昱.童装结构设计［M］.上海:东华大学出版社，2012.

［9］袁良，倪杰.童装精确打板推板［M］.北京：中国纺织出版社，2011.

［10］徐军，王晓云.实用服装裁剪制板与成衣制作实例系列：童装篇［M］.北京：化学工业出版社，2014.